FORSCHUNGSBERICHTE
DES WIRTSCHAFTS- UND VERKEHRSMINISTERIUMS
NORDRHEIN-WESTFALEN

Herausgegeben von Staatssekretär Prof. Dr. h. c. Leo Brandt

Nr. 351

Prof. Dr.-Ing. Herwart Opitz
Dr.-Ing. Heinrich Axer
Dipl.-Ing. Helmut Rohde

Zerspanbarkeit hochwarmfester und nichtrostender Stähle

Als Manuskript gedruckt

SPRINGER FACHMEDIEN WIESBADEN GMBH 1957

ISBN 978-3-663-19911-3   ISBN 978-3-663-20254-7 (eBook)
DOI 10.1007/978-3-663-20254-7

Forschungsberichte des Wirtschafts- und Verkehrsministeriums Nordrhein-Westfalen

Gliederung

Einführung . . . . S. 5

I. Anwendungsgebiete, chemische Zusammensetzung und Eigenschaften hochwarmfester Werkstoffe und ihrer Legierungselemente . . . . S. 5

   1. Einleitung . . . . S. 5

   2. Chemische Zusammensetzung und Anforderungen an hochwarmfeste Werkstoffe sowie Einfluß ihrer Legierungselemente . . . . S. 6

   3. Zerspanbarkeit hochwarmfester Werkstoffe . . . . S. 10

II. Versuchswerkstoff: Analysen, Wärmebehandlungen, technologische Eigenschaften . . . . S. 11

III. Das Drehen hochwarmfester Werkstoffe . . . . S. 22

   1. Einleitung . . . . S. 22

   2. Werkzeugverschleiß und empirische Gesetzmäßigkeiten zur Ermittlung der Werkzeug-Standzeit . . . . S. 22

   3. Versuchsdurchführung . . . . S. 25

      a) Versuchsbereich und Versuchsbedingungen . . . . . . S. 25

      b) Versuchswerkzeug . . . . S. 25

      c) Versuchsmaschinen . . . . S. 26

      d) Meßgrößen und Meßgeräte . . . . S. 27

   4. Versuchsergebnisse . . . . S. 27
Standzeit-Schnittgeschwindigkeits-Abhängigkeit für den Verschleiß auf Frei- und Spanfläche, Vorschubabhängigkeit, Schnittkraftmessungen, jeweils für alle Werkstoffe

   5. Vergleich der Versuchsergebnisse für die untersuchten Werkstoffe . . . . S. 73

      a) Vergleich der Standzeit-Schnittgeschwindigkeits-Abhängigkeit für den Verschleiß auf der Freifläche S. 74

      b) Vorschubabhängigkeit . . . . S. 76

      c) Hauptschnittkraft, Zug- und Zerspanfestigkeit . . . S. 79

   6. Zusammenfassung . . . . S. 83

IV. Literaturverzeichnis . . . . S. 84

Forschungsberichte des Wirtschafts- und Verkehrsministeriums Nordrhein-Westfalen

Einführung

Der vorliegende Bericht enthält Ergebnisse über das Drehen von hochwarmfesten austenitischen Werkstoffen mit Hartmetall-Werkzeugen. Die Untersuchungen wurden gleichzeitig auf das Bohren und Gewindeschneiden dieser Werkstoffe ausgedehnt.

Hierüber wird in Teil II berichtet werden.

I. Anwendungsgebiete, chemische Zusammensetzung und Eigenschaften hochwarmfester Werkstoffe und ihrer Legierungselemente

1. Einleitung (2, 3)

Die hochwarmfesten und nichtrostenden Werkstoffe finden ihr Anwendungsgebiet da, wo bei hohen Temperaturen über 550° C in erster Linie hohe Warmfestigkeitseigenschaften, also hohe Kriechgeschwindigkeitsgrenze, Zeitdehngrenze und Zeitstandfestigkeit, sowie ausreichende Zunderbeständigkeit und Korrosionsbeständigkeit verlangt werden. Verwendungsgebiete dieser Werkstoffgruppe sind Dampfturbinen, Gasturbinen, Abgasturbinen und Strahltriebwerke, Lufterhitzer, Dampfüberhitzer, Heißdampfleitungen, Hochdruckteile für Kessel, Hochdruckapparate für die chemische und die Erdölindustrie, Teile für den Motorenbau. Die Anforderungen sind sehr unterschiedlich je nach der geforderten Lebensdauer, die z.B. für Flugzeugantriebe nur etwa 1000 Stunden, dagegen für stationäre Dampf- und Gasturbinen bis zu 100 000 Stunden entsprechend 12 Jahren und mehr betragen kann.

Allgemein kann gesagt werden, daß der Wirkungsgrad einer Gasturbine und ähnlicher Maschinen mit steigender Temperatur bis zu einem bestimmten Grenzwert zunimmt.

Schon eine Erhöhung der Betriebstemperatur von nur 50° C würde eine erhebliche Leistungssteigerung zur Folge haben. Die Grenzen sind dabei gesetzt durch die Warmfestigkeit und Korrosionsbeständigkeit der verfügbaren Werkstoffe. Gleichzeitig ist bei diesen hohen Beanspruchungen auf Gleichmäßigkeit der Zusammensetzung und der Gefügeausbildung zu achten. Dazu ist für den Wirkungsgrad eine hohe Formgenauigkeit und Oberflächengüte der Bauteile ausschlaggebend.

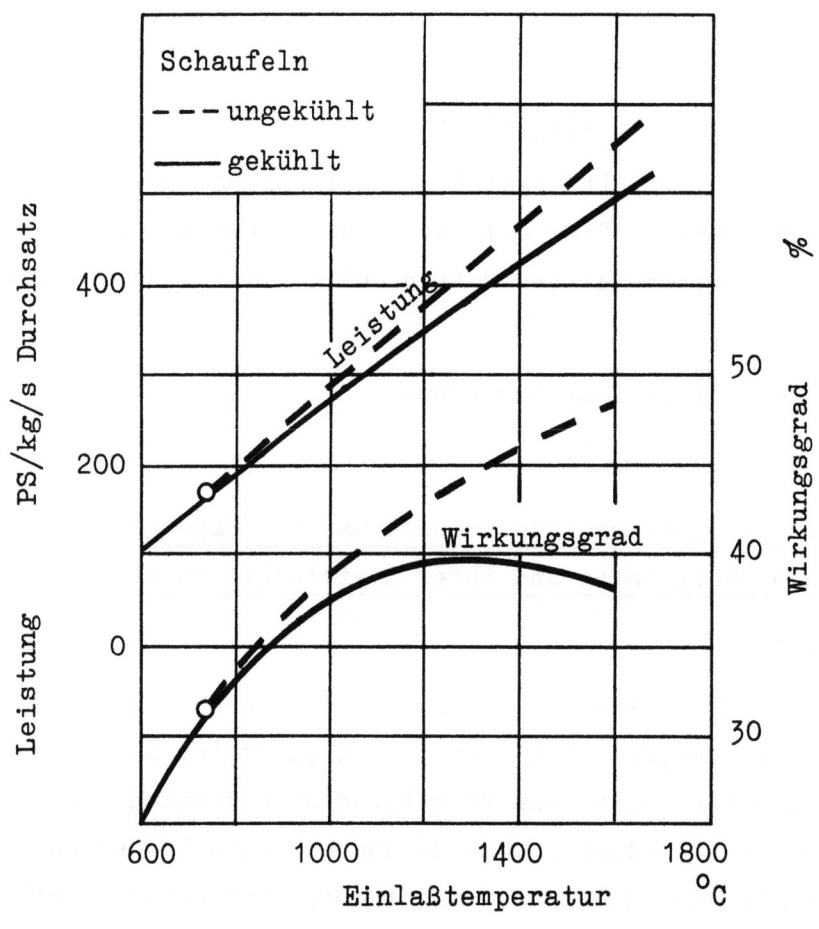

Abbildung 1

Leistung und Wirkungsgrad einer Gasturbine in Abhängigkeit von der Gaseinlaßtemperatur (nach BOLLENRATH (3))

2. Chemische Zusammensetzung und Anforderungen an hochwarmfeste Werkstoffe sowie Einfluß ihrer Legierungselemente (2, 3, 4, 5, 10, 11)

Als hochwarmfeste, hitzebeständige Stähle und Legierungen werden hochlegierte, vergütbare Cr-Stähle, vorwiegend austenitische Cr-Ni-Stähle und Schwermetall-Legierungen auf der Basis Cr-Ni-Co-Fe, meist mit mehr oder weniger hohen Zusätzen an Si, Mn, Mo, W, V, Nb, Ta, Ti, Cu, Al und N_2, sowie gelegentlich auch Bor und Zer verwendet. Die Werkstoffe werden über den Schmelzfluß hergestellt; ihr Arbeitsbereich liegt oberhalb des A_3-Punktes.

An die hochwarmfesten Werkstoffe werden im einzelnen folgende Forderungen gestellt:

1) Hohe Warmfestigkeit, Warmhärte und Wärmebeständigkeit,
2) hohe Dauerstandsfestigkeit, Kriechfestigkeit und Zeitstandfestigkeit,

3) hohe Wechselfestigkeit, Dauerfestigkeit und Temperaturwechselbeständigkeit,
4) Hitzebeständigkeit,
5) Zunder- und Korrosionsbeständigkeit,
6) geringe Versprödungsneigung bei Dauerbelastung,
7) Beständigkeit der physikalischen und mechanischen Eigenschaften,
8) Schwingfestigkeit,
9) Verformbarkeit (Walzen, Schmieden, Ziehen, Tiefziehen),
10) Zerspanbarkeit (Drehen, Bohren, Fräsen, Gewindeschneiden, Schleifen)
11) Schweißbarkeit.

Die hier aufgeführten Begriffe sollen innerhalb dieses Berichtes nicht erschöpfend behandelt, sondern nur teilweise etwas näher erläutert werden.

Unter Warmfestigkeit versteht man die Fähigkeit, hohe Spannungen bei erhöhten Temperaturen eine bestimmte Zeit lang, die von der geforderten Lebensdauer abhängt, zu ertragen. Zur Erzielung hoher Warmfestigkeitseigenschaften fordert man ein stabiles austenitisches Gefüge mit hoher Erholungs- und Rekristallisationstemperatur, wobei durch Zulegieren von Karbidbildnern eine Ausscheidungshärtung, d.h. eine Bildung von Sonderkarbiden und -nitriden und intermetallischen Verbindungen, z.B. der Sigma-Phase (FeCr), eintritt. Gleichermaßen bezweckt eine Kalt- oder Warmverformung durch Verfestigung des Gefüges eine Steigerung der Warmfestigkeit.

Dem austenitischen Gefüge, welches hauptsächlich durch den Gehalt von Chrom und Nickel erzielt wird (Abb. 2), sind eine starke Gleitlinienbildung innerhalb der einzelnen Kristallite, dazu starke Zwillingsstreifenbildung und - bedingt durch den Anlaßvorgang zur Erzielung der Ausscheidungshärtung - auf den Korngrenzen abgeschiedene Karbide eigen.

Ein Werkstoff ist dagegen ausreichend hitzebeständig, wenn er unter langzeitigem Temperatureinfluß keine die sonstigen mechanischen und physikalischen Eigenschaften schädigenden Änderungen, insbesondere Gefügeveränderungen, erleidet.

Durch die hohen Wärme- und Spannungsbeanspruchungen stellt sich bei den hohen Temperaturen eine plastische Verformung ein, der Werkstoff kriecht. Als Dauerstandfestigkeit wird daher jene dauernde ruhende Belastung bezeichnet, unter der ein anfänglich auftretendes Dehnen des Werkstoffes im Laufe der Zeit noch zum Stillstand kommt oder nur geringe Beträge annimmt.

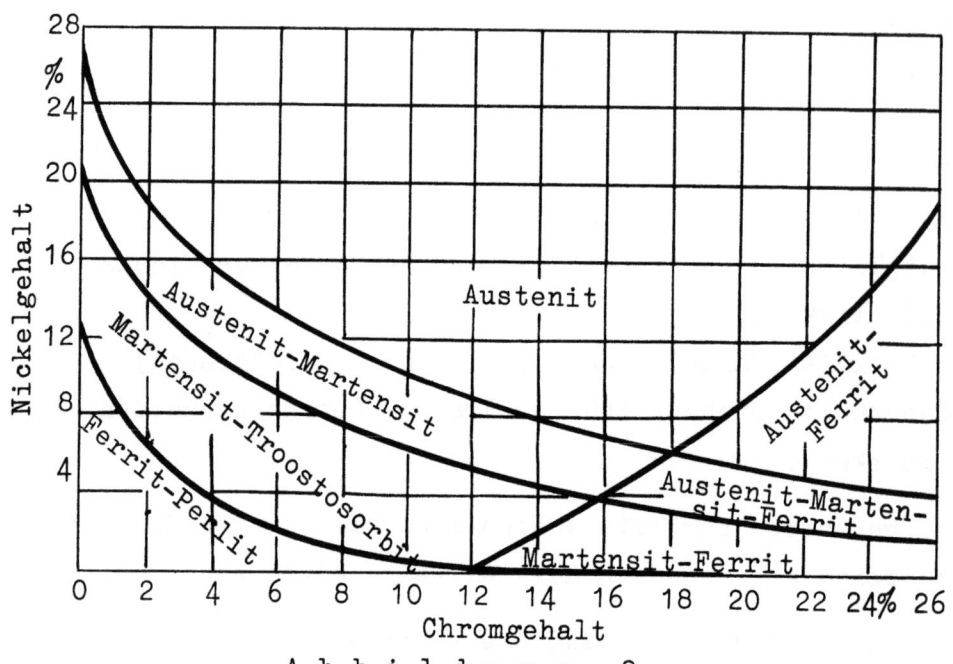

Abbildung 2

Gefügeschaubild der Chrom-Nickel-Stähle
(nach B. STRAUSS und E. MAURER)(10)

Das rein werkstoffkundliche Gebiet dieser austenitischen Legierungen ist weit verzweigt und kann innerhalb dieses Berichtes nicht ausführlich behandelt werden. Auch die Eigenschaften der einzelnen Legierungselemente und ihr Verhalten beim Legieren kann nur angedeutet werden.

Mangan ergibt beim austenitischen Gefüge hohe Verfestigungsfähigkeit, woraus eine hohe Verschleißfestigkeit resultiert.

Nickel erweitert wie Mangan das Austenit-Gebiet, erhöht besonders die Zähigkeit, wirkt kornverfeinernd und vermindert die Überhitzungsempfindlichkeit des Stahles.

Chrom schnürt das γ-Gebiet ab und bildet mit dem Kohlenstoff sehr stabile Karbide, wodurch die Härtefähigkeit gesteigert wird. Durch Zusatz von Nickel wird ein sehr beständiger Austenit erzielt. Chrom erhöht die Warmfestigkeit und ist für die zunderbeständigen Stähle das wichtigste Legierungselement.

Molybdän wirkt ausscheidungshärtend, erhöht die Warm- und Dauerstandfestigkeit und verhindert die Anlaßsprödigkeit in einem weiten Temperaturbereich.

Wolfram ist ein sonderkarbidbildendes Legierungselement und trägt zur
größeren Festigkeit des austenitischen Gefüges bei.

Vanadium macht den Stahl überhitzungsunempfindlich und erhöht die Anlaßbeständigkeit; durch die Sonderkarbide des Vanadiums tritt beim Anlaßvorgang eine Härtesteigerung ein.

Kobalt ist im flüssigen und festen Zustand im Eisen vollkommen löslich, es erhöht die Wärmeleitfähigkeit und die Warmfestigkeit, wodurch die Warmformgebung erschwert wird.

Silizium schnürt das Austenit-Gebiet stark ein, vermindert die kritische Abkühlungsgeschwindigkeit und erhöht die Zunderbeständigkeit durch die Bildung von zunderbeständigen Oxydschichten.

Aluminium wirkt wegen der großen Affinität zu Sauerstoff und Stickstoff stark desoxydierend und denitrierend. Aluminiumnitrid soll ähnliche Wirkungen haben wie die Sonderkarbide. Aluminium erhöht die Zunderbeständigkeit des Stahles außerordentlich stark.

Stickstoff wirkt auf das γ-Feld erweiternd und erhöht in austenitischen Stählen die Beständigkeit des Austenits. Gleichermaßen werden die Streckgrenze, Verformungsfähigkeit, Warm- und Dauerstandfestigkeit verbessert.

Titan führt zu einer Erhöhung der Dauerstandfestigkeit durch eine Titankarbid- und Eisen-Titanit-Ausscheidungshärtung, es verhindert als Karbid die interkristalline Korrosion.

Tantal und Niob kommen wegen ihrer großen Ähnlichkeit fast immer gleichzeitig vor. Beide haben eine stark kohlenstoffabbindende Wirkung, wodurch der Kornzerfall im Austenit verhindert wird. Das Niob bildet zusammen mit Eisen eine intermetallische Verbindung. Durch Ta/Nb-Zusätze wird die Dauerstandfestigkeit der austenitischen Stähle gesteigert.

Die austenitischen Werkstoffe werden über den Schmelzfluß erzeugt und nach dem Walz- oder Schmiedevorgang einer Wärmebehandlung unterzogen. Meist wird auf 1100-1200° C erwärmt und in Luft oder Wasser abgeschreckt. Sodann folgt ein mehrstündiger Anlaßvorgang bei etwa 750° C, wodurch die Karbide an den Korngrenzen des Austenit-Gefüges abgeschieden werden. Der Werkstoff wird härter, das Gefüge aber versprödet. Bei der späteren hohen Temperatur-Beanspruchung setzt sich dieser Versprödungsvorgang fort; durch den vorhergehenden Anlaßvorgang wird die Versprödung jedoch zum

Teil schon vorweggenommen und damit eine bestimmte Sicherheit für die Beständigkeit des Gefüges erzielt.

3. Zerspanbarkeit hochwarmfester Werkstoffe

Von den Eigenschaften der hochwarmfesten Werkstoffe wurden im Laboratorium für Werkzeugmaschinen und Betriebslehre der Rheinisch-Westfälischen Technischen Hochschule Aachen die Zerspanbarkeit beim Drehen, Bohren und Gewindeschneiden untersucht.

Zerspanbarkeitsuntersuchungen an hochwarmfesten und nicht rostenden Stählen wurden im Gegensatz zu Untersuchungen an Baustählen und niedrig legierten Werkstoffen bisher nur wenig durchgeführt. Einer der wesentlichen Gründe dafür ist wohl darin zu sehen, daß die Produktion dieser Werkstoffe in Deutschland erst verhältnismäßig spät aufgenommen werden konnte.

In Amerika ist gerade an den warmfesten Werkstoffen auf dem Sektor der Zerspanungsforschung viel Versuchsarbeit geleistet worden. Die Ergebnisse sind aus Gründen der Geheimhaltung teilweise schwer zugänglich. Außerdem sind die in Amerika gewonnenen Versuchsergebnisse nicht ohne weiteres auf deutsche Werkstoffe zu übertragen, da letztere sich in den Analysen und vor allem in den in kleineren Mengen zugesetzten Legierungselementen von den amerikanischen Werkstoffen unterscheiden.

Die Zerspanbarkeit eines Materials hängt von sehr vielen Einflüssen ab, wie z.B. Härte, Gefügebeschaffenheit, Legierungszusammensetzung usw..
Wenn ein bestimmtes Material mit bestimmten Eigenschaften vorgegeben ist, müssen die Schnittbedingungen so gewählt werden, daß bei möglichst großer Zerspanleistung ein möglichst geringer Werkzeugverschleiß entsteht. Aufgabe der vorliegenden Versuche war es, diese Schnittbedingungen für mehrere hochwarmfeste Werkstoffe zu ermitteln.

Die Schwierigkeit bei der Zerspanung warmfester und korrosionsbeständiger Stähle liegt in der großen Verschleißwirkung, die diese Stoffe auf das Werkzeug ausüben. Dabei sind die hohe Festigkeit, die Zähigkeit und auch die Kaltverfestigung als besonders verschleißfördernd anzusehen. Außerdem spielt der Gefügezustand bei der Zerspanung dieser Werkstoffe eine wichtige Rolle.

II. Versuchswerkstoff: Analysen, Wärmebehandlungen, technologische Eigenschaften

In Tabelle 1 (s.S.12) sind sämtliche Versuchswerkstoffe mit den Angaben über Analyse, Wärmebehandlung und technologische Eigenschaften zusammengestellt. Es ist zu erkennen, daß der Kohlenstoffgehalt im allgemeinen sehr niedrig ist und unter 0,1 % bleibt. Eine Ausnahme bilden die Werkstoffe XII und XIII, die infolge gleichzeitigem hohen Gehalt an karbidbildenden Elementen (V, Ta, Nb, W) einen höheren Anteil an Karbiden aufweisen.

Als Hauptlegierungselemente sind Chrom und Nickel anzusprechen, deren Gehalt im allgemeinen zwischen 10 und 20 % beträgt. Einzelne Werkstoffe (III und XI) weisen einen höheren Nickelgehalt auf. Bei den Werkstoffen VIII, XII und XIII ist zusätzlich bis zu 48 % Kobalt zulegiert.

Die Festigkeit der Versuchswerkstoffe ist sehr unterschiedlich. Die Zugfestigkeiten liegen etwa zwischen 60 und 110 kg/mm^2.

Die Gefügebilder in den Abbildungen 3 bis 20 zeigen das rein austenitische Gefüge dieser hochwarmfesten und nichtrostenden Werkstoffe und Schwermetall-Legierungen. Man erkennt an den Korngrenzen die durch den Anlaßvorgang ausgeschiedenen Karbide, dazu starke Zwillingsstreifenbildung und die dem Austenit eigenen Gleitlinien. Zum Teil finden sich auch einige Karbide, Karbidzeilen oder Karbidgruppen innerhalb der austenitischen Grundmasse.

Der Versuchswerkstoff lag als Rundmaterial von etwa 90 ⌀ mm vor. Die Probenentnahme für die Gefügeuntersuchungen erfolgte über den Querschnitt am Rand, in der Mitte zwischen Rand und Kern oder im Kern. Über den Querschnitt waren keine wesentlichen Gefügeunterschiede festzustellen. Bei den Gefügeaufnahmen sind die Probenentnahmen und die Vergrößerungen jeweils angegeben.

Forschungsberichte des Wirtschafts- und Verkehrsministeriums Nordrhein-Westfalen

T a b e l l e   1

Wärmebehandlungen und technologische Eigenschaften der untersuchten hochwarmfesten Werkstoffe

(die Angaben sind abgerundete Werte)

Werkstoff	C_{ges}	Cr	Ni	Mo	Co	Mn	Si	V	Ta/Nb	W	N_2	Ti	Al	Wärmebehandlung	σ_B kg/mm²	$\sigma_{0,2}$ kg/mm²	δ_5 %	H_B kg/mm²
I	0,08	18	11	2,0	-	0,9	0,5	-	0,4	-	-	-	-	1/4 h 1100°/Wasser	65	27	40	165
II	0,10	16	13	1,3	-	1,3	0,4	0,8	1,0	-	0,1	-	-	1/4 h 1100°/Luft	60	27	35	170
III	0,10	15	55	17	-	1,0	1,0	-	-	5,0	-	-	-	1/4 h 1100°/Wasser	90	35	35	350
IV	0,05	16	12	-	-	1,3	0,4	-	1,0	-	-	-	-	1/4 h 1100°/Luft	59	24	51	145
V	0,08	16	12	2,2	-	1,2	0,8	-	1,3	-	-	-	-	1/4 h 1100°/Luft	62	30	46	170
VI	0,06	16	22	1,4	-	1,3	0,9	0,8	1,0	-	0,1	-	-	1/4 h 1130°/Wasser + 5 h 750°/Luft	65	35	38	185
VII	0,06	16	22	1,4	-	1,3	0,9	0,8	1,0	-	0,1	-	-	1/4 h 1130°/W+12+15% wK + 5 h 750°/Luft	81	75	18	250
VIII	0,07	16	20	2,6	20	1,3	0,6	1,0	0,6	2,0	0,1	-	-	1/4 h 1200°/Öl + 24 h 750°/Luft	75	51	27	225
IX	0,06	17	13	1,5	-	1,3	0,5	0,7	1,0	-	0,1	-	-	1/4 h 1130°/Wasser + 5 h 750°/Luft	67	35	39	180
X	0,06	17	13	1,5	-	1,3	0,5	0,7	1,0	-	0,1	-	-	1/4 h 1130°/W+12+15% wK + 5 h 750°/Luft	86	79	22	255
XI	0,04	16	29	-	-	-	0,9	1,0	-	-	-	1,4	0,6	1/2 h 1100°/Öl + 5 h 750°/Luft	63	28	42	190
XII	0,44	14	12	2,0	10	0,7	1,4	-	2,5	3,0	-	-	-	1 h 1220°/Öl + 24 h 750°/Luft	79	41	26	230
XIII	0,26	20	10	2,3	48	0,6	1,0	3,0	1,5	-	-	-	-	1 h 1200°/Öl + 24 h 750°/Luft	110	83	25	300

Analysen(Angaben in %)

Forschungsberichte des Wirtschafts- und Verkehrsministeriums Nordrhein-Westfalen

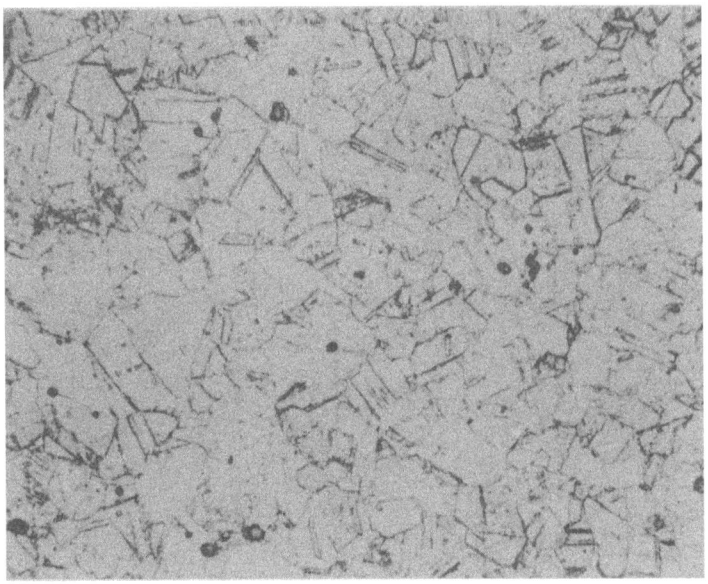

Abbildung 3
Gefüge des Werkstoffes I
Probenentnahme: Mitte; Vergrößerung: x 200

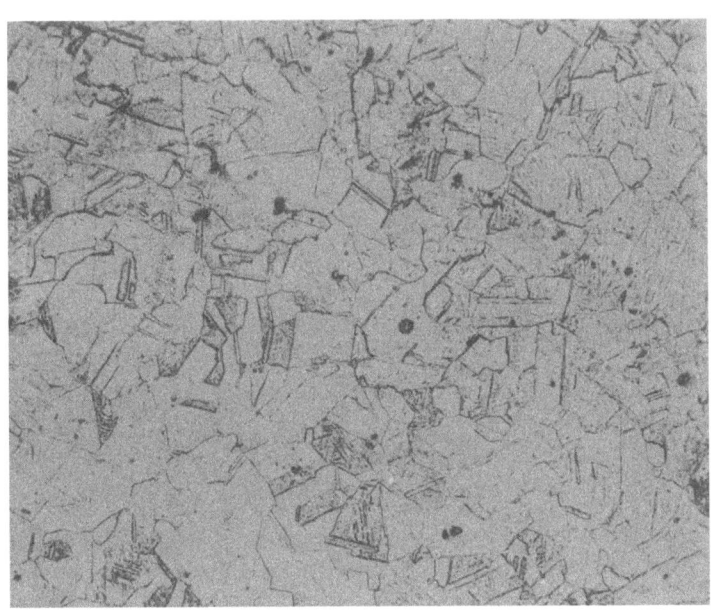

Abbildung 4
Gefüge des Werkstoffes IV
Probenentnahme: Rand; Vergrößerung: x 200

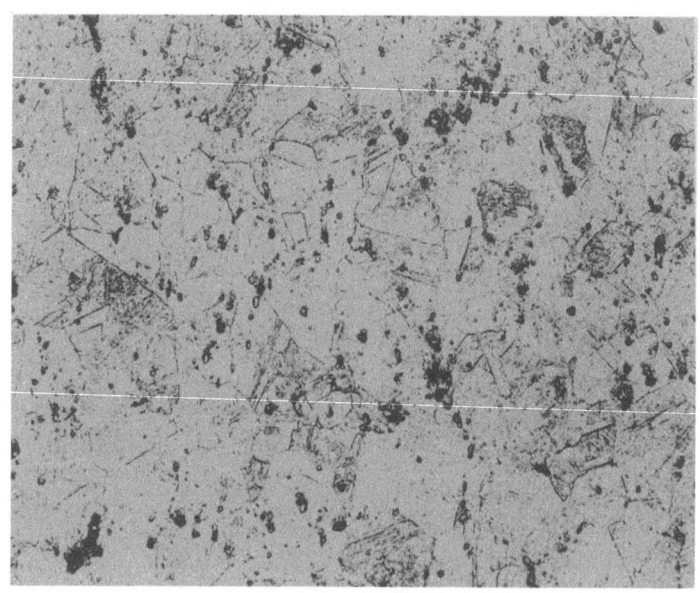

Abbildung 5
Gefüge des Werkstoffes II
Probenentnahme: Kern; Vergrößerung: x 200

Abbildung 6
Gefüge des Werkstoffes II, Tiefätzung
Probenentnahme: Mitte; Vergrößerung: x 200

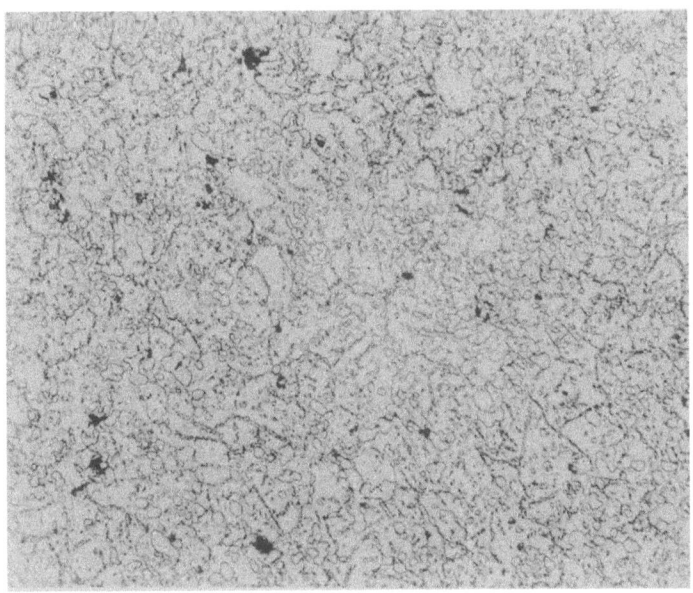

A b b i l d u n g   7
Gefüge des Werkstoffes III
Probenentnahme: Rand; Vergrößerung x 200

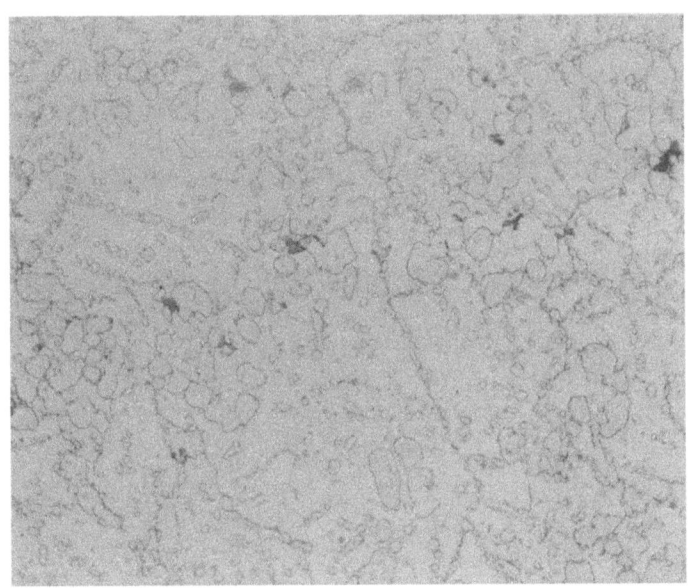

A b b i l d u n g   8
Gefüge des Werkstoffes III
Probenentnahme: Rand; Vergrößerung x 500

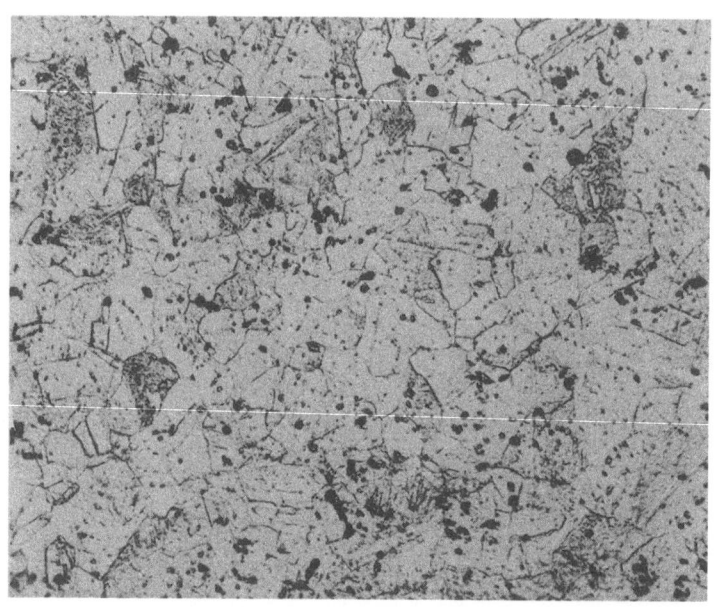

Abbildung 9
Gefüge des Werkstoffes V
Probenentnahme: Kern; Vergrößerung: x 200

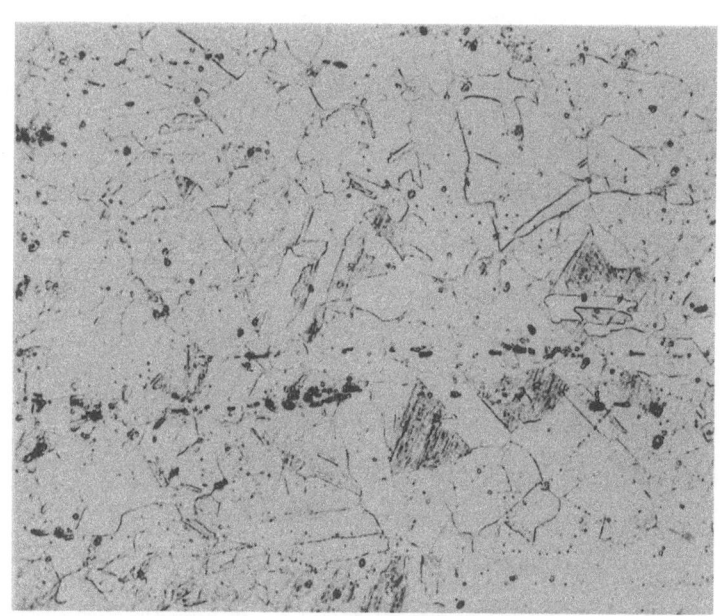

Abbildung 10
Gefüge des Werkstoffes V
nach einer zusätzlichen Wärmebehandlung: 1/4 h 1100°/Wasser
Probenentnahme: Kern; Vergrößerung: x 200

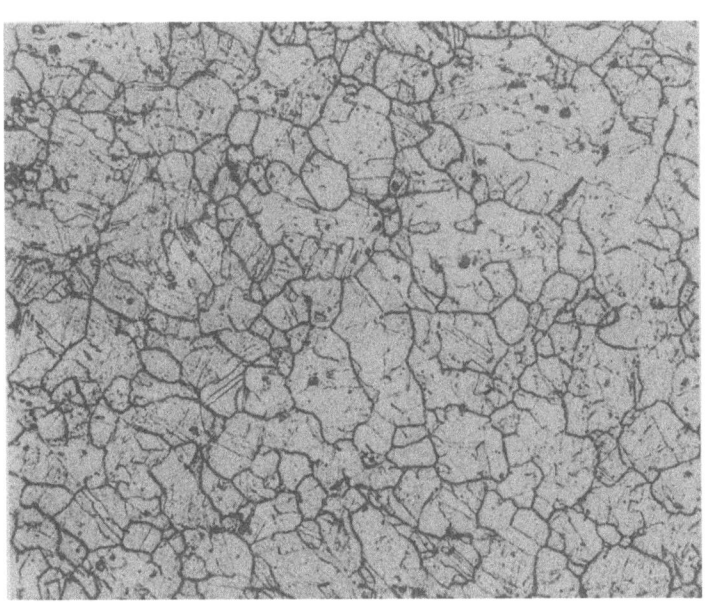

Abbildung 11
Gefüge des Werkstoffes VI
Probenentnahme: Rand; Vergrößerung: x 200

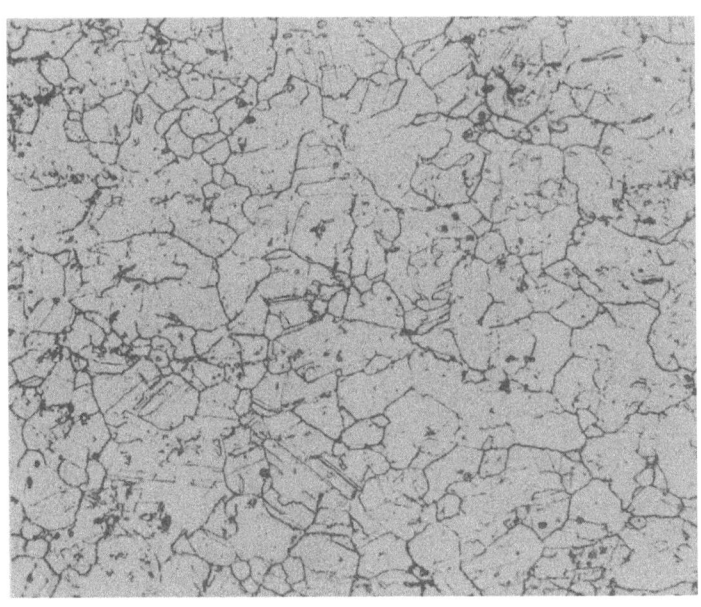

Abbildung 12
Gefüge des Werkstoffes VII
Probenentnahme: Rand; Vergrößerung: x 200

Forschungsberichte des Wirtschafts- und Verkehrsministeriums Nordrhein-Westfalen

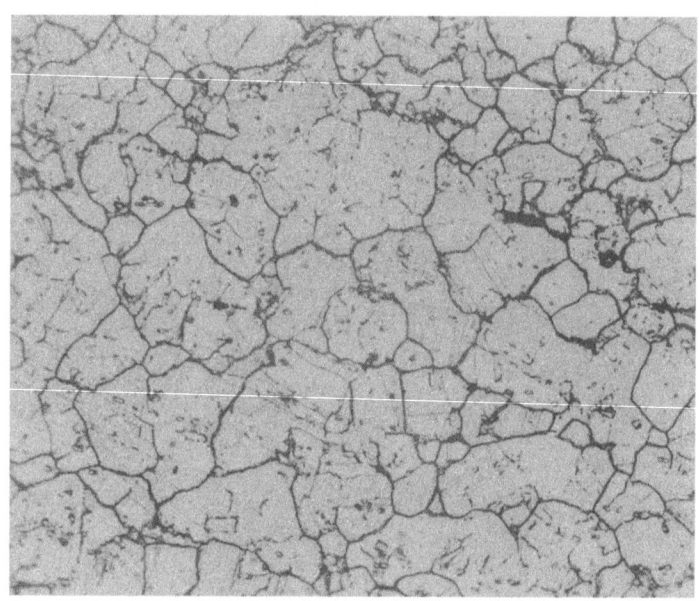

Abbildung 13
Gefüge des Werkstoffes VIII
Probenentnahme: Rand; Vergrößerung: x 200

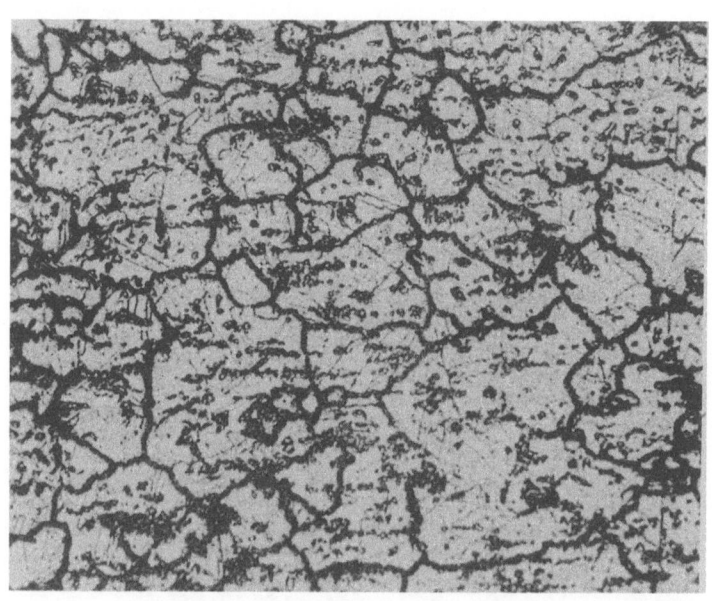

Abbildung 14
Gefüge des Werkstoffes XII
Probenentnahme: Rand; Vergrößerung: x 200

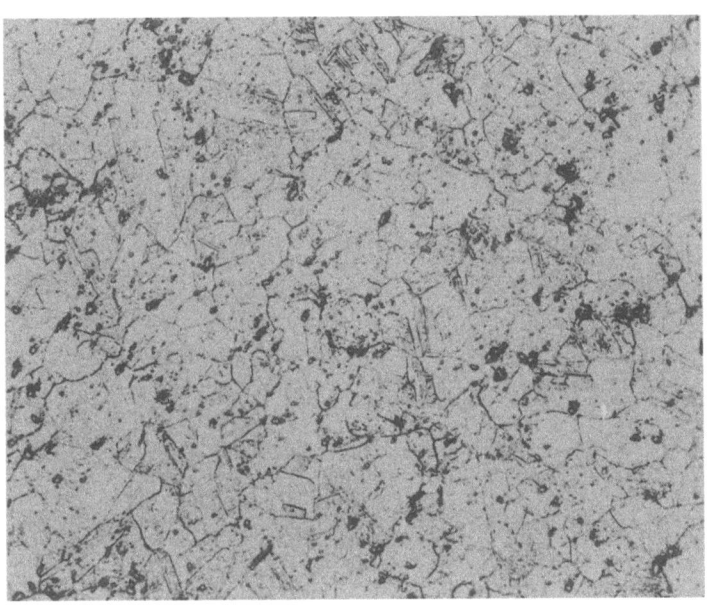

Abbildung 15
Gefüge des Werkstoffes IX
Probenentnahme: Kern; Vergrößerung: x 200

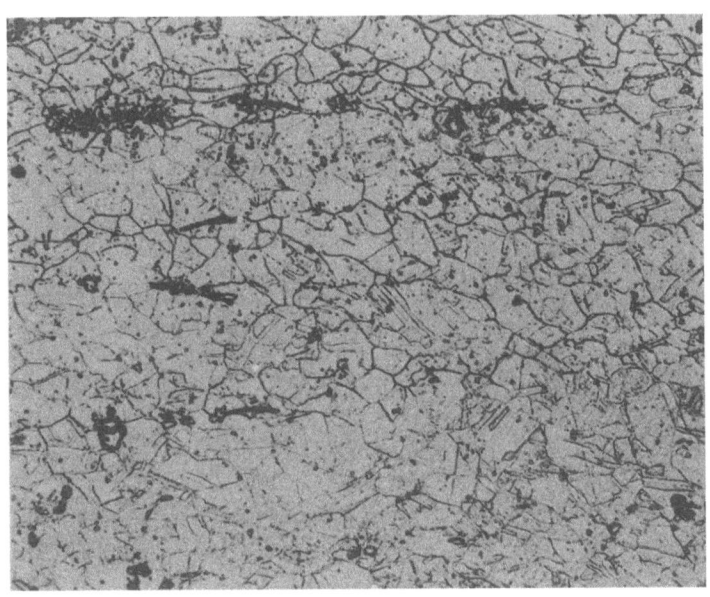

Abbildung 16
Gefüge des Werkstoffes X
Probenentnahme: Kern; Vergrößerung: x 200

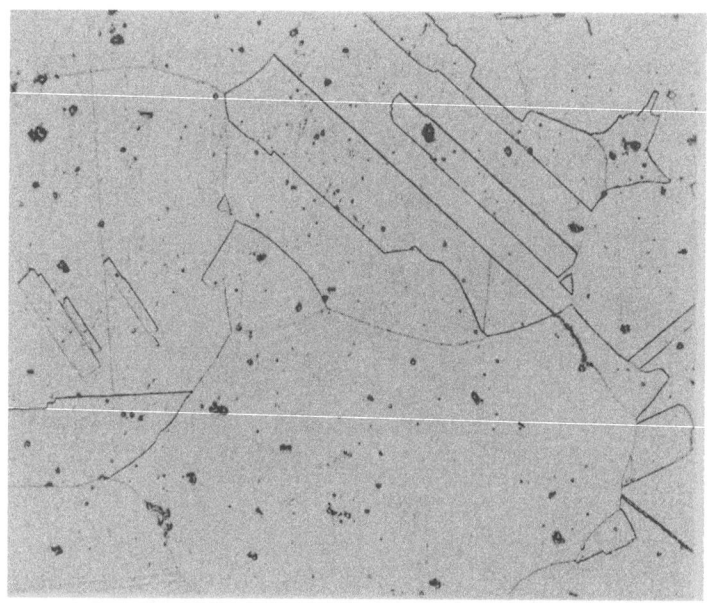

Abbildung 17
Gefüge des Werkstoffes XI
Probenentnahme: Rand; Vergrößerung: x 200

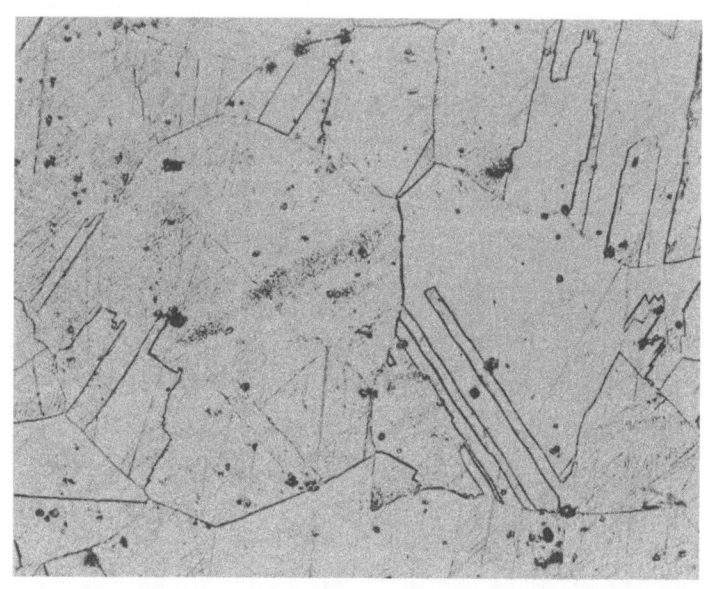

Abbildung 18
Gefüge des Werkstoffes XI
nach einer zusätzlichen Wärmebehandlung: 1 h 1050°/Wasser
Probenentnahme: Rand; Vergrößerung: x 200

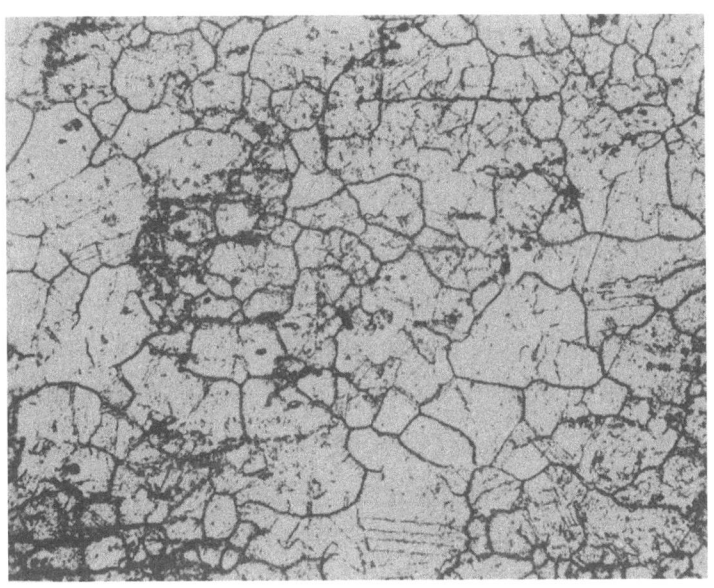

A b b i l d u n g   19
Gefüge des Werkstoffes XIII
Probenentnahme: Rand; Vergrößerung: x 200

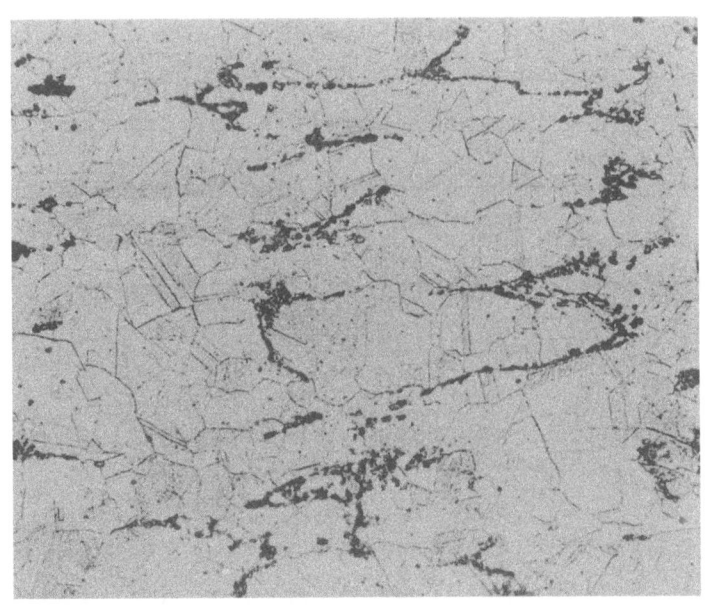

A b b i l d u n g   20
Gefüge des Werkstoffes XIII
nach einer zusätzlichen Wärmebehandlung: 1 h 1200°/Wasser
Probenentnahme: Rand; Vergrößerung: x 200

Forschungsberichte des Wirtschafts- und Verkehrsministeriums Nordrhein-Westfalen

III. Das Drehen hochwarmfester Werkstoffe

1. Einleitung

Auf die Standzeit eines Werkzeuges hat die Schnittgeschwindigkeit einen großen Einfluß. Versuche haben gezeigt, daß die Standzeit durch Schnittgeschwindigkeitsänderungen, hervorgerufen durch Schwingungen des Meißels, stark absinkt. Die Schwinggeschwindigkeit überlagert sich der Schnittgeschwindigkeit, so daß die Relativgeschwindigkeit zwischen Werkzeug und Werkstück periodisch schwankt. Hierbei kann die Relativgeschwindigkeit sogar Werte zwischen Null und der doppelten Schnittgeschwindigkeit erreichen. Die hochwarmfesten Werkstoffe und nichtrostenden Stähle verursachen beim Drehen starke Ratterscheinungen; die Werkstoffe sind also sehr schwingungsfreudig. Diese Tatsache wurde durch eine Umfrage in verschiedenen Verarbeitungsbetrieben bestätigt. Auf Grund von Versuchen im Laboratorium für Werkzeugmaschinen und Betriebslehre der Technischen Hochschule in Aachen wurde ein Drehmeißel konstruiert, der ein besonders günstiges Schwingungsverhalten zeigt.

Die Hauptmerkmale dieses Drehmeißels (dargestellt in Abb.21) sind folgende:
1) ein äußerst kräftiger Schaftquerschnitt,
2) Verlegung der Schneidkante in die neutrale Faser,
3) sehr kurze Auskragung der Schneidspitze aus dem Schaft.

Durch diese Konstruktion wird erreicht, daß sich das Werkzeug bei Biegeschwingungen nicht in das Werkstück hineinzieht. Dadurch wurde es ermöglicht, die an sich schwingungsempfindliche aber verschleißfeste Hartmetallsorte L 1 für die Versuche einzusetzen.

2. Werkzeugverschleiß und empirische Gesetzmäßigkeiten zur Ermittlung der Werkzeug-Standzeit

Die Zusammenhänge zwischen Werkzeugverschleiß, Standzeitkriterium und Standzeitverhalten bei Hartmetallwerkzeugen sind eingehend untersucht und in einer Reihe von Veröffentlichungen (1, 8, 9, 12, 13) dargestellt worden. Zum Verständnis der nachfolgenden Versuchsergebnisse ist es jedoch notwendig, einige Beziehungen und Gesetzmäßigkeiten zur Ermittlung der Werkzeugstandzeit in gedrängter Form auszuführen.

Durch den Verschleiß verändert das Werkzeug seine geometrische Ausgangsform, und es ist im Hinblick auf seine Schneidfähigkeit und Arbeitsgenau-

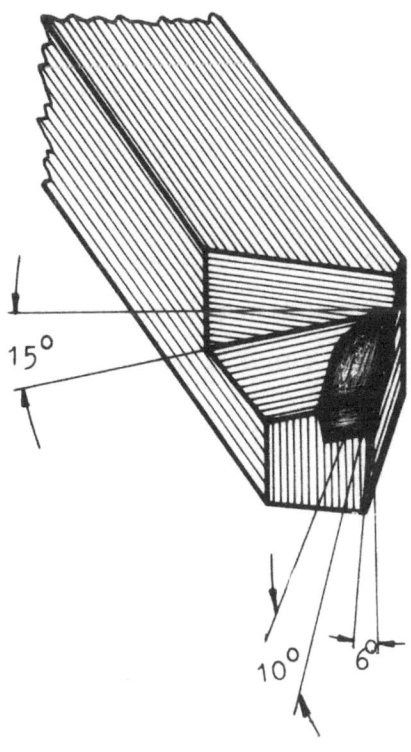

Abbildung 21
Schwingungsmindernde Werkzeugform

igkeit von Bedeutung, an welchen Stellen und in welcher Form die Abtragung des Werkzeugstoffes stattfindet.

Abbildung 22 zeigt hierzu die beiden charakteristischen Verschleißerscheinungen auf Span- und Freifläche: Kolk- und Freiflächenverschleiß. Auf der Spanfläche können neben dem Kolk noch der eigentliche Spanflächenverschleiß

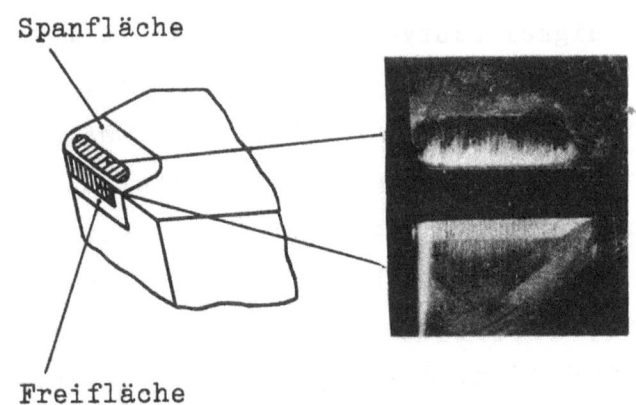

Abbildung 22
Kolk- und Freiflächenverschleiß am Hartmetall-Drehmeißel

und die Kantenabrundung auftreten. Die Bedingungen für das Auftreten des Spanflächenverschleißes oder einer ausgeprägten Kantenabrundung sind von der Schneidstoff - Werkstoff - Paarung abhängig und werden im besonderen Maße durch die Schnittbedingungen beeinflußt.

Für das Standzeitverhalten wichtig sind Kolk- und Freiflächenverschleiß. Abbildung 23 zeigt die Meßgrößen am Hartmetallwerkzeug, die Verschleißmarkenbreite B, die Kolktiefe K_T und den Kolkmittenabstand K_M.

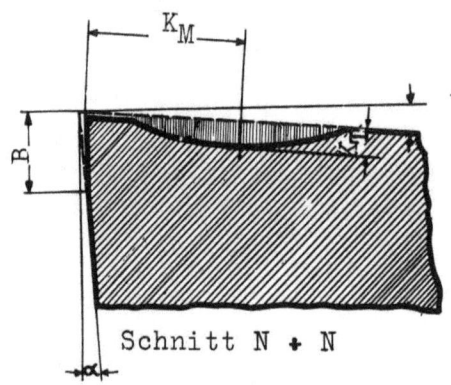

Abbildung 23

Meßgrößen am Hartmetallwerkzeug

B = Verschleißmarkenbreite (Freifläche)

K_T = Kolktiefe

K_M = Abstand Schneidkante-Kolkmitte

Die Verschleißmarkenbreite B nimmt während der Schnittzeit nach einer degressiv verlaufenden Kurve zu. Aus den B = f(T)-Kurven werden für eine konstante Verschleißmarkenbreite als Standzeitkriterium die Verschleißstandzeit-Schnittgeschwindigkeitskurven aufgestellt. Beim Kolkverschleiß dienen als Standzeitkriterien die Kolktiefe K_T und das Verhältnis von Kolktiefe und Kolkmittenabstand K_T/K_M. Die Kolktiefe wächst linear mit der Schnittzeit und nimmt somit im allgemeinen stärker zu als die Verschleißmarkenbreite. Der Kolkmittenabstand bleibt praktisch für eine gegebene Schnittbedingung konstant. Aus beiden Standzeitabhängigkeiten, die für die jeweilige Werkstoff-Schneidstoff-Paarung maßgebend sind, lassen sich die Stundengeschwindigkeiten, die sogenannten v_{60}-Werte ermitteln, d.h. die Schnittgeschwindigkeit, bei der das Werkzeug 60 min im Eingriff sein kann, bis das angesetzte Standzeitkriterium erreicht ist. Dieser v_{60}-Wert dient als Vergleich zwischen den einzelnen zu zerspanenden Werkstoffen.

Forschungsberichte des Wirtschafts- und Verkehrsministeriums Nordrhein-Westfalen

Die Gültigkeit dieser Gesetze über die Verschleiß- und Standzeitabhängigkeiten ist auf den Bereich der Fließspanbildung ohne Aufbauschneide begrenzt und setzt voraus, daß der Schneidstoff unter der Kraft- und Temperatureinwirkung keine plastischen Verformungen erleidet (vergl. Forschungsbericht 215, S. 41) (13).

3. Versuchsdurchführung

a) Versuchsbereich und Versuchsbedingungen

Bei den Versuchen wurde von den Schnittbedingungen die Spantiefe a = 2 mm konstant gehalten. Schnittgeschwindigkeit und Vorschub wurden in den Grenzen v = 25 ... 300 m/min und s = 0,1 ... 0,5 mm/Umdr. variiert.

Für jeweils drei verschiedene Schnittgeschwindigkeiten bei sonst konstanten Versuchsbedingungen wurden die Verschleißmarkenbreite B und der Kolkverschleiß gemessen. Aus den Meßpunkten wurden die einzelnen Verschleißgeraden aufgestellt und für die Kriterien B = 0,2 und K_T/K_M = const. Standzeitgeraden ermittelt. An den anfallenden Spänen wurden sowohl bei der Verschleißmessung als auch bei der später beschriebenen Schnittkraftmessung Spanstauchungsmessungen vorgenommen. Die Spanstauchung λ gibt das Verhältnis von tatsächlicher zu theoretischer Spandicke an. So ergibt sich die Spanstauchung zu $\lambda = h_2/h_1 = h_2/s \cdot \sin \varkappa$.

Ferner wurden Schnittkraftmessungen durchgeführt, bei denen die Hauptschnittkraft P_1 und die Abdrängkraft P_4 gemessen wurden.

b) Versuchswerkzeug

Als Werkzeug wurde der auf Seite 22 beschriebene Drehmeißel benutzt. Auf Grund von Schnittkraft- und Spanstauchungsmessungen ergaben sich für die Wahl der Werkzeugwinkel folgende Gesichtspunkte:

Spanwinkel möglichst stark positiv, Neigungswinkel möglichst stark positiv.

Bei der zahlenmäßigen Festlegung der Werkzeugwinkel mußte die Ratterneigung des Werkstoffes mit berücksichtigt werden, da hierdurch eine verstärkte Bruchgefahr für das Werkzeug besteht.

Es wurden daher folgende Werkzeugwinkel festgelegt:

$$\text{Freiwinkel} : \alpha = 6°$$
$$\text{Keilwinkel} : \beta = 69°$$

Spanwinkel : $\gamma = 15°$
Neigungswinkel : $\lambda = +10°$
Einstellwinkel : $\varkappa = 45°$
Spitzenwinkel : $\varepsilon = 90°$
Spitzenradius : $r = 0,5$ mm
Winkeltoleranz : $\pm 0,5°$

Für die Werkstoffe I und II wurde zunächst ein Spanwinkel von $\gamma = 8°$ festgelegt, jedoch später für alle Werkstoffe einheitlich auf $\gamma = 15°$ erhöht.

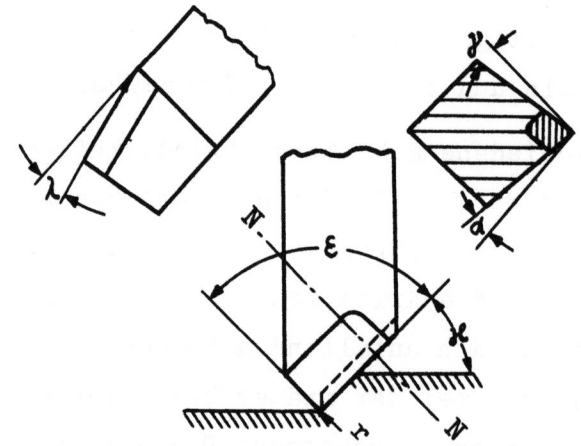

A b b i l d u n g   24
Schneidengeometrie am Versuchswerkzeug

c) Versuchsmaschine

Die Versuche wurden auf folgenden Maschinen durchgeführt:

1. Heyligenstaedt Kopierdrehbank, Modell 250 Eap mit einer Spitzenhöhe von 250 mm für die Standzeituntersuchungen.
2. VDF-Drehbank: Leit- und Zugspindeldrehbank, Heidenreich & Harbeck, Type S 500 mit einer Spitzenhöhe von 250 mm für die Schnittkraftmessungen.

Die Maschinen werden zur Überbrückung der Getriebestufen mit einem im Bereich 1:3 verstellbaren Gleichstrom-Nebenschlußmotor angetrieben. Hierdurch war es möglich, jede gewünschte Schnittgeschwindigkeit genau einzustellen. Der Antrieb der Arbeitsspindel erfolgte bei beiden Maschinen direkt über einen endlosen Keilriemen. Das Werkstück wurde durch ein Dreibackenfutter gespannt und lief an der Reitstockseite auf einer feststehenden Hartmetall-Körnerspitze.

d) Meßgrößen und Meßgeräte

In allen Versuchen wurden sämtliche Meßwerte zur Kennzeichnung des Verschleißes auf Span- und Freifläche, sowie die wichtigsten Größen bei der Spanbildung: Schnittkraft und Spanstauchung ermittelt.

Zum Ausmessen der Verschleißmarkenbreite an der Freifläche des Werkzeuges wurde ein Werkstattmikroskop mit 40-facher Vergrößerung benutzt.

Die Messung des Verschleißes auf der Spanfläche erfolgte mit dem Forster-Leitz-Oberflächentastgerät durch Aufnahme des Verschleißprofils senkrecht zur Hauptschneide. Bei den angegebenen Spanquerschnittsverhältnissen erwies sich im allgemeinen jeweils eine Messung im Bereich der halben Spantiefe als ausreichend.

Die Schnittkraftmessungen wurden in zwei Komponenten (Hauptschnittkraft P_1 und Abdrängkraft P_4) mit einem mechanischen Schnittkraftmesser, System Merchant, durchgeführt.

Bei der gewählten Meßanordnung unter einem Einstellwinkel $\varkappa = 45°$ werden die Komponenten senkrecht zur Schneide in der vertikalen (P_1) und horizontalen (P_4) Ebene gemessen (vergl. Forschungsbericht Nr. 215, S. 20) (13).

4. Versuchsergebnisse

Von den einzelnen Werkstoffen wurden zu Beginn der Versuche in einer Reihe von Kurzversuchen mit verschiedenen Schnittbedingungen Späne entnommen, aus denen die Spanstauchung für die jeweilige Bedingung ermittelt wurde. Daraus konnten überschlägig zweckmäßige Schnittbedingungen für die weiteren Versuche und für sämtliche Werkstoffe festgelegt werden.

Zur Beurteilung der Standzeit der Werkzeuge und zur Bestimmung der Zerspanbarkeit der Werkstoffe wurde der Verschleiß auf Frei- und Spanfläche des Drehmeißels gemessen. Zum Vergleich der Standzeiten für die einzelnen Werkstoffe wurden stets die gleichen Verschleißkriterien gewählt.

Im folgenden sind für die verschiedenen Werkstoffe die Standzeit-Schnittgeschwindigkeits-Schaubilder, die Vorschubabhängigkeit und der Schnittkraftverlauf für Hauptschnittkraft und Abdrängkraft in Abhängigkeit von Schnittgeschwindigkeit und Vorschub dargestellt und erläutert. Alle Zerspanungskenngrößen sind in einer abschließenden Tabelle zusammengefaßt.

Werkstoff I

Zunächst wurde ein Versuch bei einer Schnittgeschwindigkeit von v=60m/min, einer Schnittiefe a = 2 mm und einem Vorschub s = 0,2 mm/Umdr. durchgeführt. Als Werkzeug diente der oben beschriebene und in Abbildung 21 dargestellte Drehmeißel, jedoch mit einem Spanwinkel von $\gamma = 8°$. Da nach einer Schnittzeit von 10 min kein meßbarer Verschleiß auf Frei- und Spanfläche festzustellen war, wurde die Schnittgeschwindigkeit erhöht und die weiteren Versuchsreihen mit v = 200, 250 und 300 m/min durchgeführt.

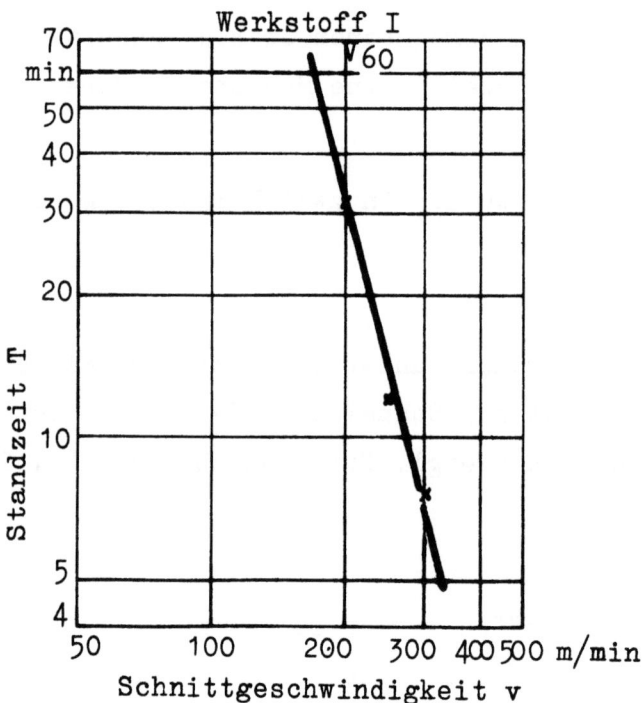

Abbildung 25

Standzeitgeraden $T = f(v)$ für B = 0,2 mm

Analyse: C_{ges} 0,08; Cr 18; Ni 11; Mo 2,0; Mn 0,9; Si 0,5; Ta/Nb 0,4%
1/4 h 1100°/Wasser; $\sigma_B = 65$ kg/mm²

Werkzeug: Hartmetall L 1

Freiwinkel : $\alpha = 6°$ Einstellwinkel : $\varkappa = 45°$
Spanwinkel : $\gamma = 8°$ Spitzenwinkel : $\epsilon = 90°$
Neigungswinkel : $\lambda = 10°$ Spitzenradius : r = 0,5 mm

Schnittbedingungen: Vorschub: s = 0,2 mm/Umdr. Spantiefe: a = 2 mm

Aus den Verschleißkurven wurde die Standzeitgerade für eine Verschleißmarkenbreite B = 0,2 mm als Standzeitkriterium ermittelt (Abb. 25). Hieraus läßt sich der v_{60}-Wert, d.h. die Schnittgeschwindigkeit, bei der bis zum Erreichen des angesetzten Verschleißkriteriums eine Standzeit von

60 min zu erwarten ist, ablesen. Es ergibt sich: $v_{60} = 170$ m/min.

Bei Verwendung eines Werkzeuges normaler Form und den Winkeln $\gamma = +5°$ und $\lambda = +5°$ ergaben sich bei sonst gleichen Versuchsbedingungen starke Schwingungserscheinungen. Die Verschleißmarkenbreite B erreichte bei gleicher Schnittzeit etwa den dreifachen Wert.

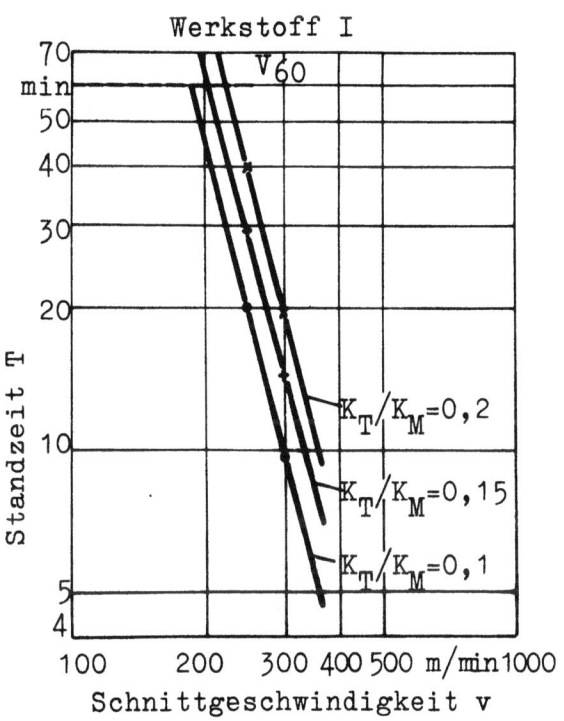

Abbildung 26

Kolkstandzeit $T = f(v)$ für verschiedene $K_T/K_M = $ const

Analyse: C_{ges} 0,08; Cr 18; Ni 11; Mo 2,0; Mn 0,9; Si 0,5; Ta/Nb 0,4%

1/4 h 1100°/Wasser; $\sigma_B = 65$ kg/mm^2

Werkzeug: Hartmetall L 1

Freiwinkel	: $\alpha = 6°$	Einstellwinkel	: $\varkappa = 45°$
Spanwinkel	: $\gamma = 8°$	Spitzenwinkel	: $\epsilon = 90°$
Neigungswinkel	: $\lambda = 10°$	Spitzenradius	: $r = 0,5$ mm

Schnittbedingungen: Vorschub: $s = 0,2$ mm/Umdr. Spantiefe: $a = 2$ mm

Abbildung 26 zeigt die Kolkstandzeitgeraden für die gleichen Versuchsbedingungen mit den Kolkstandzeitkriterien $K_T/K_M = K = 0,1$; 0,15 und 0,2. Für $K = 0,2$ beträgt die Stundenschnittgeschwindigkeit $v_{60} = 220$ m/min.

Ein Vergleich der beiden Standzeitgeraden ($B = 0,2$ mm, $K = 0,2$) zeigt, daß in dem untersuchten Schnittgeschwindigkeitsbereich der Kolkverschleiß die Standzeit des Werkzeuges bestimmt, da für den Kolkverschleiß bereits

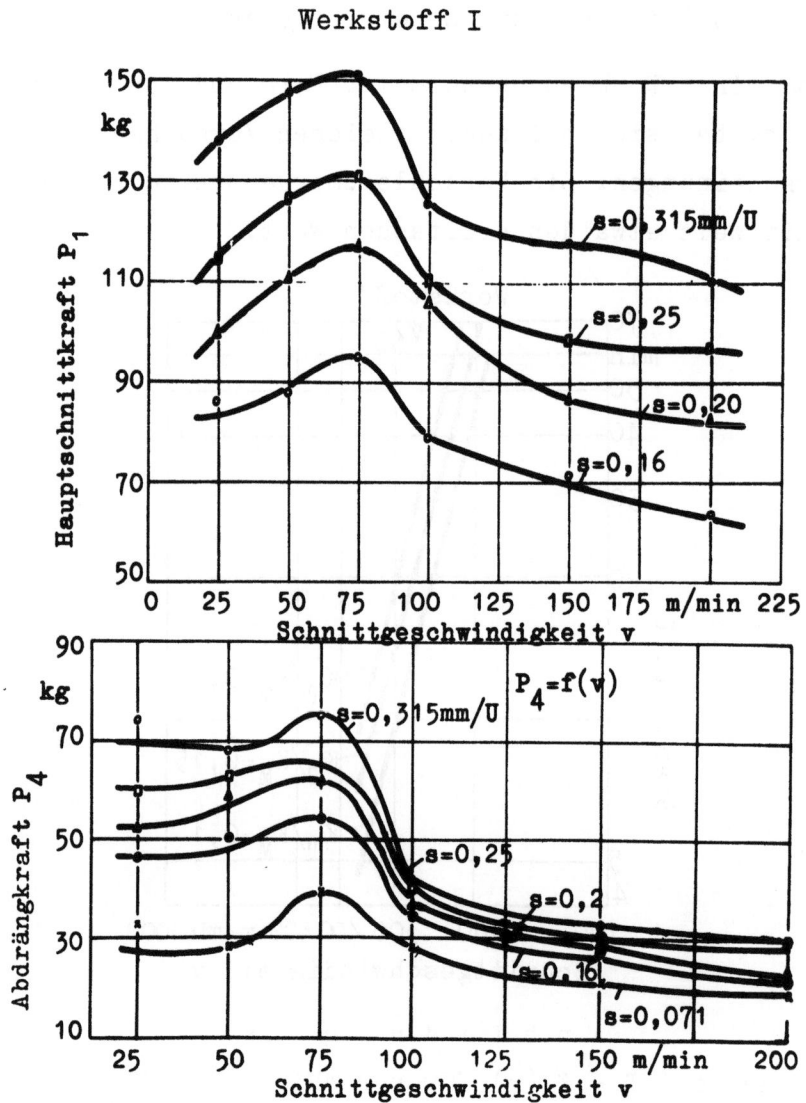

Abbildung 27

Hauptschnittkraft: $P_1 = f(v)$ für verschiedene s = const
Schnittkraftmesser System Merchant, Werkzeug: Hartmetall L 1
$\alpha = 6°$; $\gamma = 15°$; $\lambda = 0°$; $\varkappa = 45°$; $\varepsilon = 90°$; $r = 0,5$ mm
Spantiefe: $a = 2$ mm

ein Kriterium von $K = 0,2$ erreicht wurde. Als absolute Grenze ist für Hartmetall der Qualität L 1 ein Verhältnis $K = K_T/K_M = 0,3 \div 0,35$ anzusehen. Wird dieses Verhältnis überschritten, so treten Ausbrüche an der Schneidkante auf.

Demgegenüber blieb der Verschleiß auf der Freifläche gering. Eine Verschleißmarkenbreite von $B = 0,2$ mm liegt wesentlich unter den in der Praxis üblichen Kriterien, die meist nach wirtschaftlichen Gesichtspunkten gewählt werden und im allgemeinen bei $B = 0,6 - 0,8$ mm liegen.

In der Abbildung 27 sind die in den einzelnen Versuchsreihen aufgenommenen Werte für die Schnittkraft über der Schnittgeschwindigkeit aufgetragen. Die Kurven zeigen die bekannte Tendenz: zunächst Anstieg der Schnittkraft, dann mit zunehmender Schnittgeschwindigkeit erst steiler, darauf allmählicher Abfall der Kurve, die sich asymptotisch einer Waagerechten nähert. Diese Tendenz ist für alle Vorschübe gleich. Das Maximum für Hauptschnittkraft und Abdrängkraft liegt bei einer Schnittgeschwindigkeit von v = 75 m/min. Die spezifischen Schnittkräfte wurden aus den gemessenen Hauptschnittkräften ermittelt. Wie bei den üblichen Baustählen fällt die spezifische Schnittkraft mit steigendem Vorschub ab.

Werkstoff II

Für diesen Werkstoff wurde das gleiche Versuchswerkzeug verwendet. Auf Grund der Spanstauchungsmessungen wurde der Vorschub zu s = 0,2 mm/Umdr. festgelegt. Für Schnittgeschwindigkeiten von v = 100, 150 und 200 m/min wurde der Verschleiß auf Span- und Freifläche gemessen und Standzeitkurven für B = 0,2 mm und K_T/K_M = 0,05; 0,1 und 0,2 aufgestellt.

Außerdem wurden die gleichen Versuche mit einem Werkzeug durchgeführt, dessen Spanwinkel auf + 15° vergrößert wurde. Sämtliche Versuchsergebnisse sind im Standzeitschaubild der Abbildung 28 zusammengestellt.

Vergleicht man die Standzeiten der beiden Werkzeuge, so ergibt sich für den Freiflächenverschleiß durch Vergrößerung des Spanwinkels von 8° auf 15° eine Standzeitverbesserung von 83 %. Für 8° Spanwinkel ergibt sich ein v_{60}-Wert von 90 m/min gegenüber 160 m/min bei γ = 15°. Ein meßbarer Kolkverschleiß war bei γ = 15° nicht vorhanden.

Das Standzeitschaubild zeigt, daß für diesen Werkstoff der Freiflächenverschleiß die Standzeit des Werkzeuges beendet. Die Standzeitkurven für den Kolkverlauf verlaufen sehr steil und ergeben außerdem wesentlich höhere v_{60}-Werte (für K = 0,2 z.B. v_{60} = 190 m/min).

Um den Einfluß des Vorschubes auf die Standzeit zu ermitteln, wurden bei konstanten Schnittgeschwindigkeiten von v = 150 m/min Verschleißkurven bei Vorschüben s = 0,1; 0,2 und 0,3 mm/Umdr. aufgenommen. Die Ergebnisse sind der Abbildung 29 zu entnehmen. Mit zunehmendem Vorschub wächst der Werkzeugverschleiß.

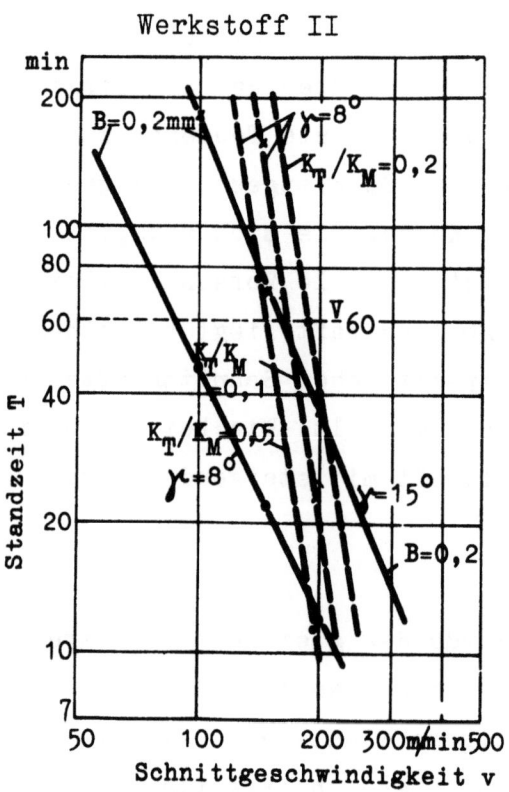

Abbildung 28

Standzeitgeraden $T = f(v)$ für $B = 0,2$ u. versch. K_T/K_M = const

Analyse: C_{ges} 0,10; Cr 16; Ni 13; Mo 1,3; Mn 1,3; Si 0,4; V 0,8; Ta/Nb 1,0
N_2 0,1%; 1/4 h 1100°/Luft; $\sigma_B = 60$ kg/mm^2

Werkzeug: Hartmetall L 1

Freiwinkel : $\alpha = 6°$ Einstellwinkel : $\varkappa = 45°$
Spanwinkel : $\gamma = 8°/15°$ Spitzenwinkel : $\epsilon = 90°$
Neigungswinkel : $\lambda = 10°$ Spitzenradius : $r = 0,5$ mm

Schnittbedingungen: Vorschub: $s = 0,2$ mm/Umdr. Spantiefe: $a = 2$ mm

Die Kurven für die Schnittkräfte bei der Zerspanung des Werkstoffes II in Abbildung 30 zeigen einen ähnlichen Verlauf wie für Werkstoff I. Jedoch ist das Maximum nicht so stark ausgeprägt. Es liegt für die Hauptschnittkraft P_1 bei $v = 50$ m/min. Für die Abdrängkraft verschiebt sich das Maximum bei den einzelnen Vorschüben. Die spezifische Schnittkraft beträgt für einen Vorschub $s = 0,2$ mm/Umdr. und eine Schnittgeschwindigkeit $v = 50$ m/min $k_s = 232$ kg/mm^2.

Werkstoff III

Dieser stark nickellegierte Werkstoff ist von den untersuchten Materialien

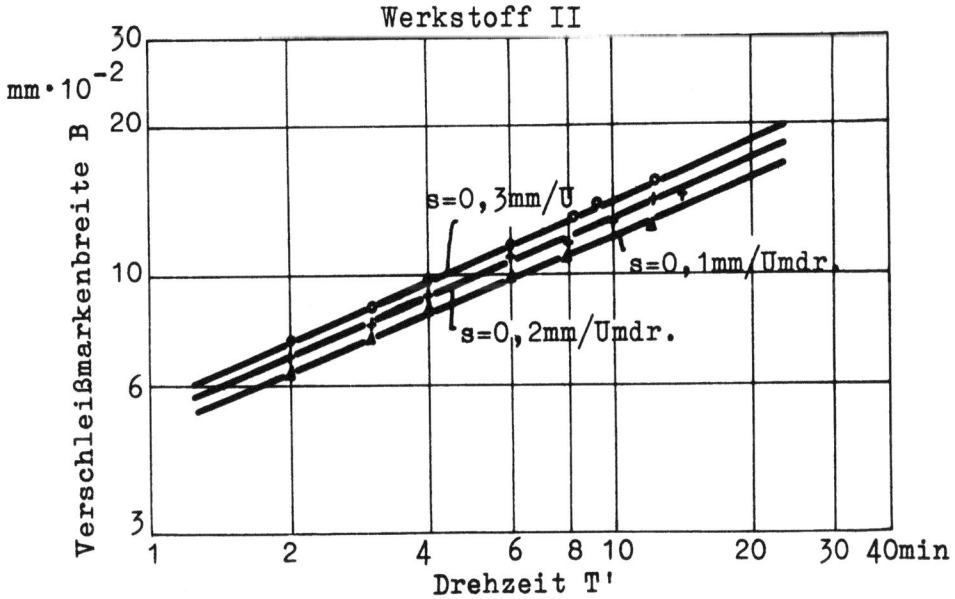

Abbildung 29

B = f (T') Vorschubabhängigkeit

Analyse: C_{ges} 0,10; Cr 16; Ni 13; Mo 1,3; Mn 1,3; Si 0,4; V 0,8; Ta/Nb 1,0
N_2 0,1%, 1/4 h 1100°/Luft; σ_B = 60 kg/mm²

Werkzeug: Hartmetall L 1

Freiwinkel	: α = 6°	Einstellwinkel	: $\varkappa$ = 45°
Spanwinkel	: γ = 8°/15°	Spitzenwinkel	: ε = 90°
Neigungswinkel	: λ = 10°	Spitzenradius	: r = 0,5 mm

Schnittbedingungen: Schnittgeschwindigkeit: v = 150 m/min

am schlechtesten zerspanbar. Schon die Analyse, welche neben 55 % Nickel noch 15 % Cr, 17 % Molybdän und 5 % Wolfram aufweist, ließ diese äußerst schwierige Bearbeitbarkeit vermuten.

Hartmetall sorte	v = 40 m/min s = 0,2 mm/U	v = 80 m/min s = 0,2 mm/U	v = 40 m/min s = 0,5 mm/U
FT 1	B = 6,5 · 10⁻² mm K_T = -	B = 10·10⁻² mm K_T = 12 μ	B = 7,5·10⁻² mm K_T = -
L 1	B = 8 · 10⁻² mm K_T = 5 μ	B = 25·10⁻² mm K_T = 15 μ	B = 14 ·10⁻² mm K_T = 4 μ
H 1	B = 19·10⁻² mm K_T = 25 μ	B = 77·10⁻² mm K_T = 47 μ	B = 48·10⁻² mm K_T = 20 μ
H 2	B = 28·10⁻² mm K_T = 23 μ	B = 69,5·10⁻² mm K_T = 42 μ	B = 45·10⁻² mm K_T = 18 μ

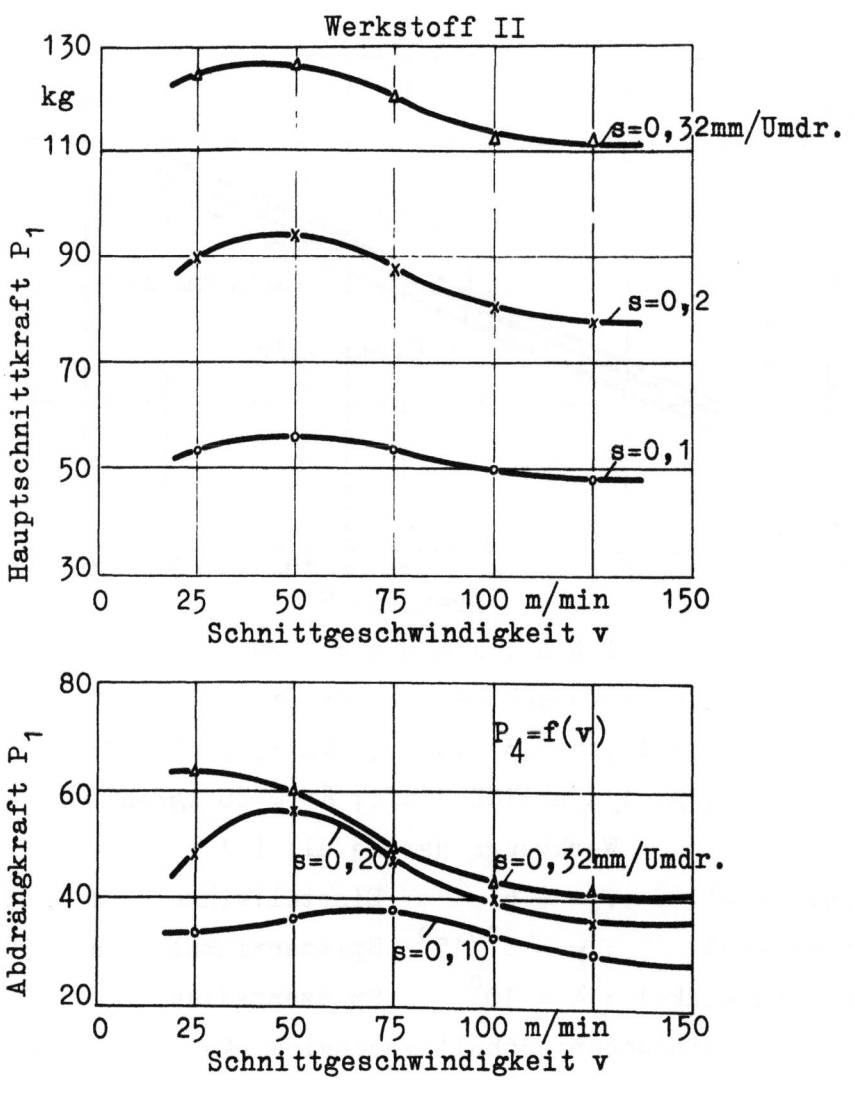

Abbildung 30

Hauptschnittkraft: $P_1 = f(v)$ für verschiedene s = const

Schnittkraftmesser: System Merchant

Werkzeug: Hartmetall L 1, $\alpha = 6°$; $\gamma = 15°$; $\lambda = 0°$;
$\varkappa = 45°$; $\varepsilon = 90°$; $r = 0,5$ mm, Spantiefe: $a = 2$ mm

Durch den hohen Verschleißangriff waren die jeweiligen Schnittzeiten sehr kurz. Deshalb konnten mit dem zur Verfügung stehenden Material umfangreichere Versuche als an den übrigen Werkstoffen durchgeführt werden.

Zunächst wurde eine Versuchsreihe gefahren, bei der die geeignete Hartmetallsorte festgestellt wurde. Bei einer Spantiefe von 2 mm wurden die Schnittgeschwindigkeiten $v = 40$ und 80 m/min und die Vorschübe $s = 0,2$ und $0,5$ mm/U untersucht. Die vorhergehende Tabelle (s.S. 33) gibt die Verschleißmarkenbreiten und Kolktiefen verschiedener Hartmetallsorten nach einer Schnittzeit $t = 1$ min wieder.

Die Qualität F 1, die vorwiegend für die Feinbearbeitung bestimmt ist, zeigte bei allen Schnittbedingungen den geringsten Verschleiß. Da sich jedoch bereits nach einer Minute Schnittzeit Risse in der Hartmetallplatte zeigten, die auf die große Sprödigkeit dieser Qualität zurückzuführen sind, erscheint diese Qualität ungeeignet.

Die Hartmetallsorten H 1 und H 2 zeigten auf Frei- und Spanfläche einen wesentlich höheren Verschleiß. Für alle weiteren Versuche wurde deshalb das Hartmetall L 1 benutzt.

Um Schwingungen möglichst zu unterdrücken, wurde die Werkzeugform nach Abbildung 21 verwendet. Nach den Erfahrungen bei Werkstoff II wurde ein Spanwinkel von $15°$ gewählt, so daß der Meißel folgende Winkel erhielt:

Freiwinkel $\alpha = 6°$ Einstellwinkel $\varkappa = 45°$
Spanwinkel $\gamma = +15°$ Spitzenwinkel $\varepsilon = 90°$
Neigungswinkel $\lambda = +10°$ Spitzenradius $r = 0,5$ mm

Diese Meißelform wurde für alle weiteren Werkstoffe beibehalten. Mit diesem Werkzeug wurden bei verschiedenen Vorschüben (s=0,1 bis 0,7 mm/Umdr.) und Schnittgeschwindigkeiten ($v = 25$, 40 und 60 m/min) Versuche durchgeführt.

In Abbildung 31 sind die ermittelten Standzeitgeraden für eine Verschleißmarkenbreite von 0,2 mm als Standzeitkriterium wiedergegeben. Da alle Versuchsreihen auf sehr kurze Versuchszeiten beschränkt blieben, ist die Extrapolation auf v_{60}-Werte unsicher. So ergibt sich z.B. bei geradliniger Extrapolation für $s = 0,2$ mm/U ein v_{60}-Wert von 11 m/min. Unter Umständen entstehen bei dieser Schnittgeschwindigkeit keine Fließspäne mehr und der geradlinige Verlauf der Standzeitkurve bleibt nicht erhalten.

Die Kolkstandzeitgeraden für einen Vorschub ($s = 0,4$ mm/Umdr.) sind in der Abbildung 32 für die Kriterien $K_T/K_M = 0,1$; 0,15 und 0,2 dargestellt. Für $K_T/K_M = 0,2$ ergibt sich eine $v_{60} = 23$ m/min. Die Kolkstandzeitgeraden haben annähernd die gleiche Steigung wie die Standzeitgeraden für die Verschleißmarkenbreite. Aus den Standzeitwerten ist zu ersehen, daß bei den verwendeten Schnittgeschwindigkeiten und Vorschüben der Kolkverschleiß überwiegt.

Die Vorschubabhängigkeit für den Freiflächenverschleiß für $v = 40$ m/min ist in Abbildung 33 wiedergegeben. Um den Einfluß des Vorschubes auf die Standzeit deutlicher zu machen, ist in Abbildung 34 die Standzeit des

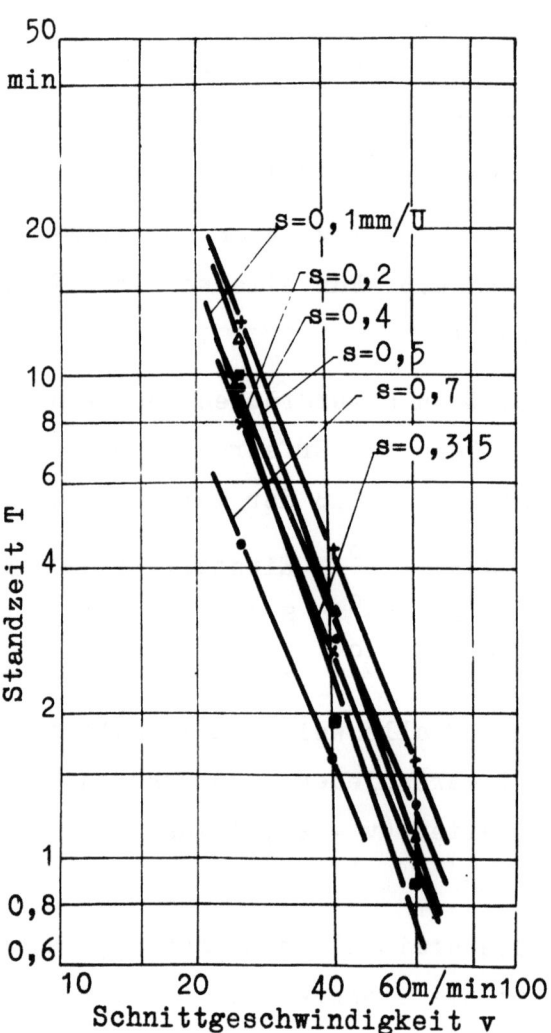

Abbildung 31

Standzeitgeraden T = f (v) für B = 0,2 mm

Analyse: C_{ges} 0,10; Cr 15; Ni 55; Mo 17; Mn 1,0; W 5,0%; 1/4 h 1100°/ Wasser; σ_B = 90 kg/mm²

Werkzeug: Hartmetall L 1

Freiwinkel	: α = 6°	Einstellwinkel	: $\varkappa$ = 45°
Spanwinkel	: γ = 15°	Spitzenwinkel	: ϵ = 90°
Neigungswinkel	: λ = 10°	Spitzenradius	: r = 0,5 mm

Schnittbedingungen: Vorschub: s = 0,1 ⁒ 0,7 mm/Umdr. Spantiefe: a = 2 mm

Werkzeuges bis zum Erreichen einer Verschleißmarkenbreite B = 0,2 mm und 0,3 mm über dem Vorschub aufgetragen. Die Kurven zeigen für einen Vorschub s = 0,4 mm/Umdr. ein ausgeprägtes Maximum, das bei allen Schnittgeschwindigkeiten erhalten bleibt. Beim Vorschub s = 0,4 mm/U ergibt sich die beste Standzeit.

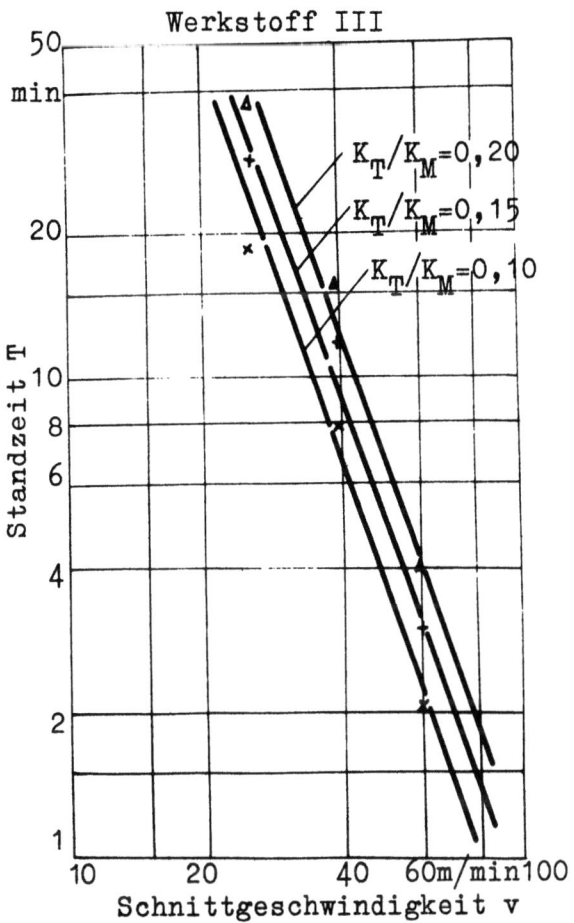

Abbildung 32

Kolkstandzeit T = f (v) für verschiedene K_T/K_M

Analyse: C_{ges} 0,10; Cr 15; Ni 55; Mo 17; Mn 1,0; Si 1,0; W 5,0%,
1/4 h 1100°/Wasser; σ_B = 90 kg/mm²

Werkzeug: Hartmetall L 1

Freiwinkel : α = 6°   Einstellwinkel : $\varkappa$ = 45°

Spanwinkel : γ = 15°   Spitzenwinkel : ε = 90°

Neigungswinkel: λ = 10°   Spitzenradius : r = 0,5 mm

Schnittbedingungen: Vorschub: s = 0,4 mm/Umdr., Spantiefe: a = 2 mm

In Abbildung 35 ist das zerspante Volumen in Abhängigkeit von der Standzeit und dem Vorschub aufgetragen. Die Geschwindigkeiten sind als Parameter eingezeichnet (gestrichelte Linien). Durch Vergleich der Standzeiten bei einem Vorschub von 0,4 mm/U erhält man bei einer Schnittgeschwindigkeit v = 40 m/min eine Drehzeit von 4,5 min und bei v = 30 m/min eine Drehzeit von 8,5 min. Wird aber zusätzlich das zerspante Volumen betrachtet, so sind z.B. bei einer Schnittgeschwindigkeit von 40 m/min in 4,5 min 144 cm³ Volumen zerspant worden. Dagegen sind in der doppelten Zeit

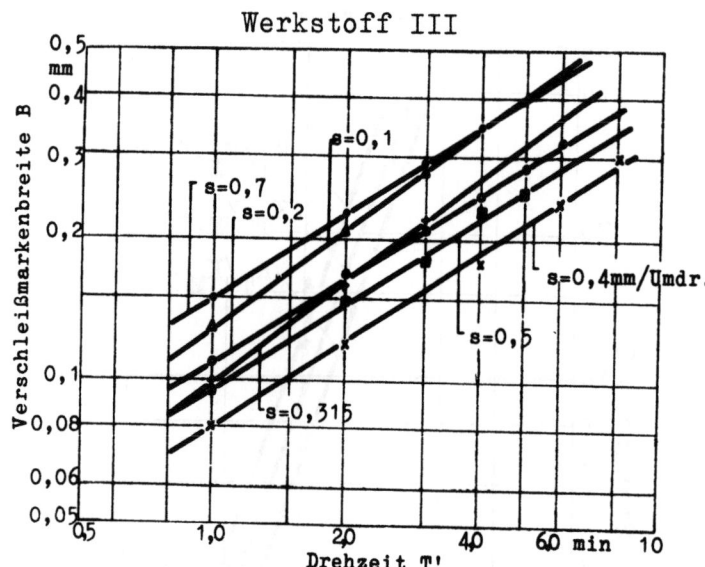

Abbildung 33

B = f (T') Vorschubabhängigkeit

Analyse: C_{ges} 0,10; Cr 15; Ni 55; Mo 17; Mn 1,0; Si 1,0; W 5,0%,
1/4 h 1100°/Wasser; σ_B = 90 kg/mm^2

Werkzeug: Hartmetall L 1

Freiwinkel : α = 6°   Einstellwinkel : $\varkappa$ = 45°
Spanwinkel : γ = 15°   Spitzenwinkel : ϵ = 90°
Neigungswinkel : λ = 10°   Spitzenradius : r = 0,5 mm

Schnittbedingungen: Schnittgeschwindigkeit: v=40 m/min; Spantiefe: a=2 mm

für v = 30 m/min nur 204 cm^3 bis zum Erreichen des Standzeitkriteriums zerspant worden. Das vorliegende Diagramm wurde für eine Verschleißmarkenbreite von 0,2 aufgestellt. Da dieses Kriterium beim praktischen Drehvorgang weit höher gewählt wird, erscheinen im Diagramm die Werte für das zerspante Volumen sehr niedrig. Das Diagramm kann also nur dazu dienen, Vorschub, Standzeit und zerspantem Volumen in ihrer Tendenz wiederzugeben. Bei Wahl einer größeren Verschleißmarkenbreite als Standzeitkriterium wie es in der Praxis der Fall ist, würden die Werte für das zerspante Volumen entsprechend größer werden.

Die Schnittkräfte (Abb. 36) zeigen für Hauptschnittkraft und Abdrängkraft kein Maximum; die für die Messung der Schnittkräfte gewählten Schnittgeschwindigkeiten lagen schon in dem Bereich, wo die Schnittkräfte in Abhängigkeit von der Schnittgeschwindigkeit fallende Tendenz zeigen. Hauptschnittkraft P_1 und Abdrängkraft P_4 wachsen mit steigendem Vorschub.

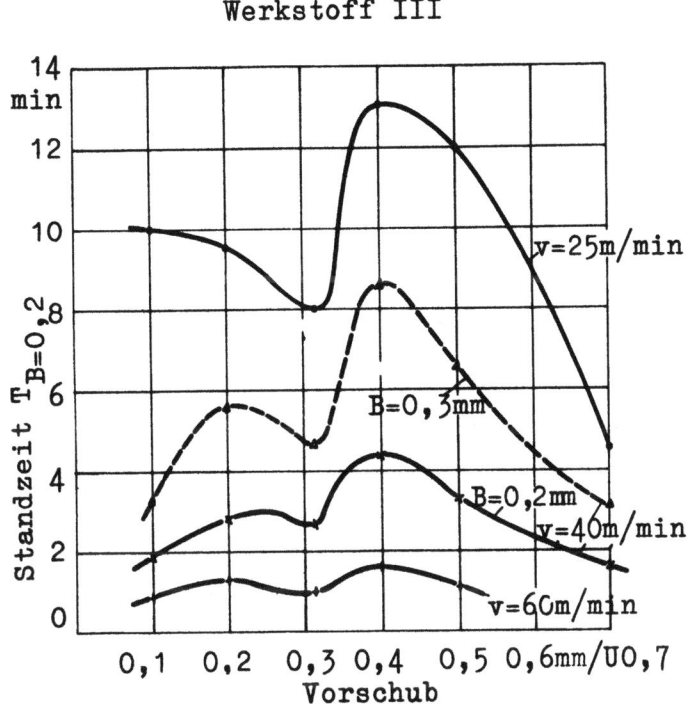

Abbildung 34

Vorschubabhängigkeit T=f(s) für verschiedene v=const. und B=0,2 bzw. 0,3mm

Werkzeug: Hartmetall L 1

Freiwinkel	: $\alpha = 6°$	Einstellwinkel	: $\varkappa = 45°$
Spanwinkel	: $\gamma = 15°$	Spitzenwinkel	: $\epsilon = 90°$
Neigungswinkel	: $\lambda = 10°$	Spitzenradius	: $r = 0,5$ mm

Schnittbedingungen: Spantiefe: a = 2 mm

Werkstoff IV

Für die Schnittgeschwindigkeiten v = 100, 150 und 200 m/min wurden bei einem Vorschub s = 0,2 mm/U je eine Verschleißgerade gefahren und daraus für das Standzeitkriterium B = 0,2 mm die Standzeitgerade ermittelt. Als Stundenschnittgeschwindigkeit ergibt sich v_{60} = 77 m/min (Abb. 37). Der Kolkverschleiß ist sehr gering. Für ein Kolkstandzeitkriterium K_T/K_M = 0,03 wurde die Kolkstandzeitgerade aufgestellt (Abb. 37). Obgleich für diesen Vergleich nur ein Verhältnis K_T/K_M = 0,03 gewählt wurde, liegt dieser v_{60}-Wert mit 110 m/min gegenüber 77 m/min für B = 0,2 mm noch höher. Der Freiflächenverschleiß ist also allein maßgebend für die Standzeit des Werkzeuges.

Die Vorschubabhängigkeit für v = 200 m/min zeigt für diesen Werkstoff, daß der Verschleiß mit größer werdendem Vorschub wächst (Abb. 38).

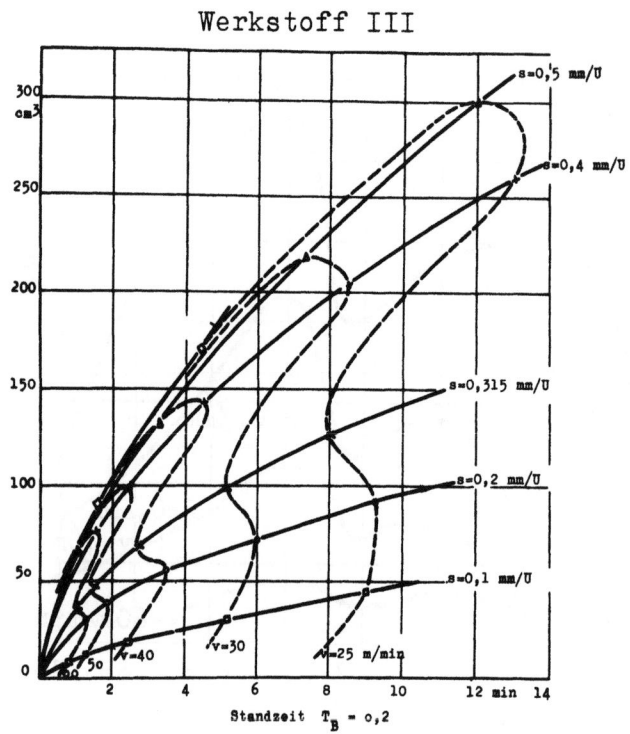

Abbildung 35

Zerspantes Volumen $V_z = f(T)$ für verschiedene s=const. und v=const.

Werkzeug: Hartmetall L 1

Freiwinkel : $\alpha = 6°$ Einstellwinkel : $\varkappa = 45°$

Spanwinkel : $\gamma = 15°$ Spitzenwinkel : $\varepsilon = 90°$

Neigungswinkel : $\lambda = 10°$ Spitzenradius : $r = 0,5$ mm

Schnittbedingungen: Spantiefe: $a = 2$ mm

Die Schnittkräfte (Abb. 39) zeigen für die niedrigen Vorschübe den bekannten Verlauf; für s = 0,25 und 0,32 mm/U tritt im untersuchten Bereich ein Maximum auf.

Werkstoff V

Für den Werkstoff V mit der Wärmebehandlung 1/4 h 1100° C/Luft wurden für die Schnittgeschwindigkeiten v = 100, 150 und 200 m/min je eine Versuchsreihe mit einem Vorschub von 0,2 mm/U gefahren, der auf Grund von Spanstauchungsmessungen als günstig ermittelt wurde. Die aus den Versuchen ermittelte Standzeitgerade für das Standzeitkriterium B = 0,2 mm zeigt Abbildung 40. Die Standzeitwerte liegen sehr niedrig.

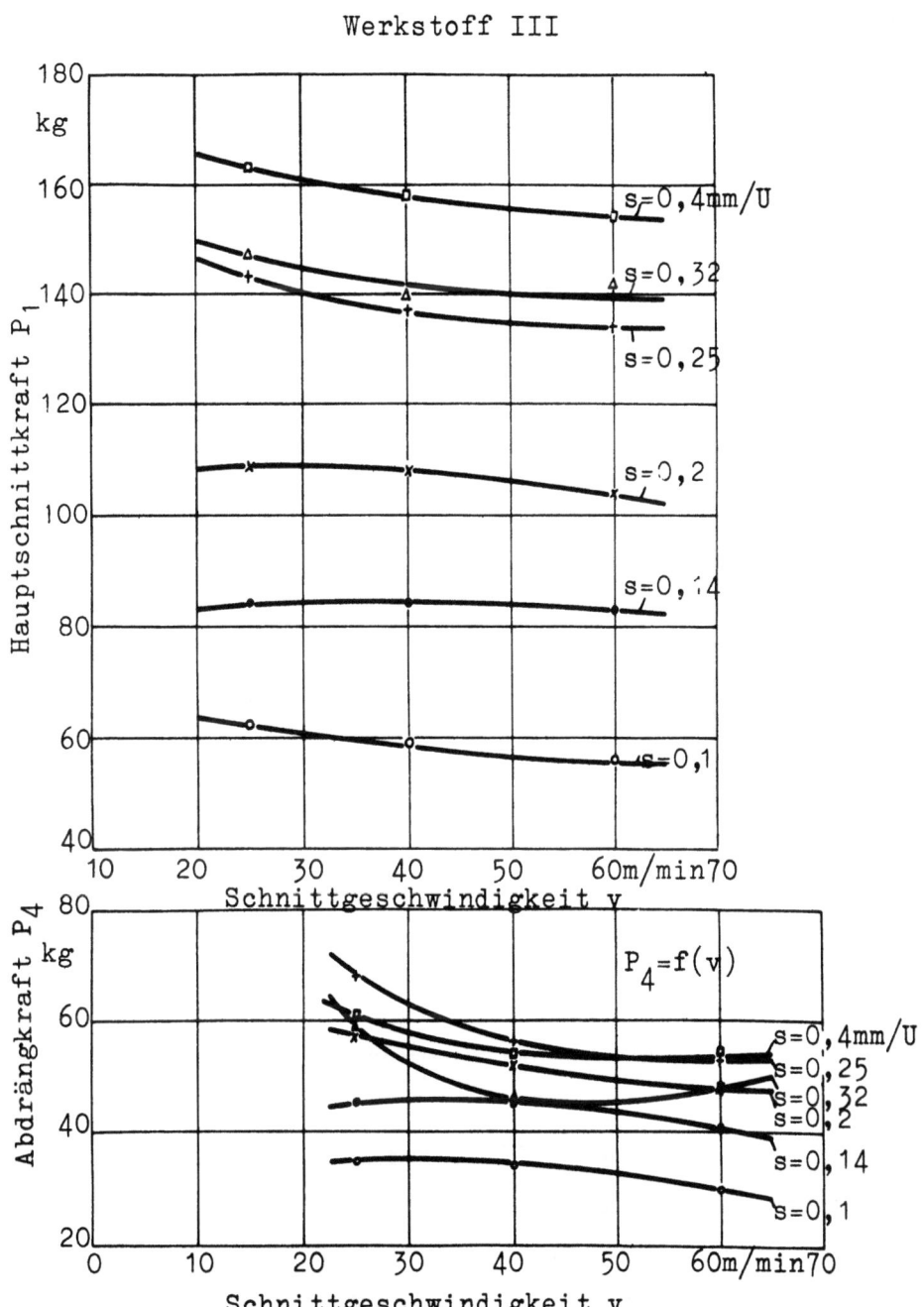

A b b i l d u n g   36

Hauptschnittkraft: $P_1 = f(v)$ für verschiedene s = const.

Schnittkraftmesser: System Merchant

Werkzeug: Hartmetall L 1

Freiwinkel : $\alpha = 6°$ Einstellwinkel : $\varkappa = 45°$
Spanwinkel : $\gamma = 15°$ Spitzenwinkel : $\epsilon = 90°$
Neigungswinkel : $\lambda = 0°$ Spitzenradius : r = 0,5 mm

Schnittbedingungen: Spantiefe: a = 2 mm

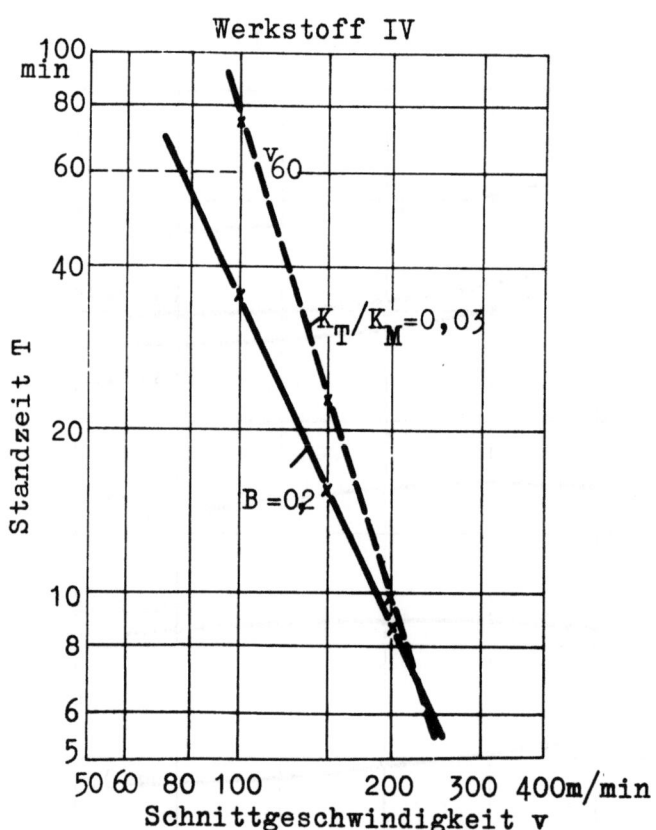

Abbildung 37

Standzeitgeraden $T = f(v)$ für $B = 0,2$ mm und $K_T/K_M = 0,03$

Analyse: C_{ges} 0,05; Cr 16; Ni 12; Mn 1,3; Si 0,4; Ta/Nb 1,0 %

1/4 h 1100°/Luft; $\sigma_B = 59$ kg/mm^2

Werkzeug: Hartmetall L 1

Freiwinkel	: $\alpha = 6°$	Einstellwinkel	: $\varkappa = 45°$
Spanwinkel	: $\gamma = 15°$	Spitzenwinkel	: $\varepsilon = 90°$
Neigungswinkel	: $\lambda = 10°$	Spitzenradius	: $r = 0,5$ mm

Schnittbedingungen: Spantiefe: $a = 2$ mm

Vorschub: $s = 0,2$ mm/Umdr.

Um zu überprüfen, ob durch eine andere Wärmebehandlung die Zerspanbarkeit verbessert werden kann, wurden die Proben 1/4 h bei 1100° C geglüht und anschließend in Wasser abgeschreckt.

An diesem Material wurden bei gleichen Versuchsbedingungen und der gleichen Schneidengeometrie des Meißels Versuchsreihen bei $v = 150$, 200 und 250 m/min gefahren und eine Standzeitgerade aufgestellt. Aus der Gegenüberstellung der Standzeitgeraden ergibt sich eine Verbesserung der Standzeit um etwa 70 %. Durch das erneute Lösungsglühen (15 min 1100° C/Wasser) mit anschließendem Abschrecken in Wasser wird also die Zerspan-

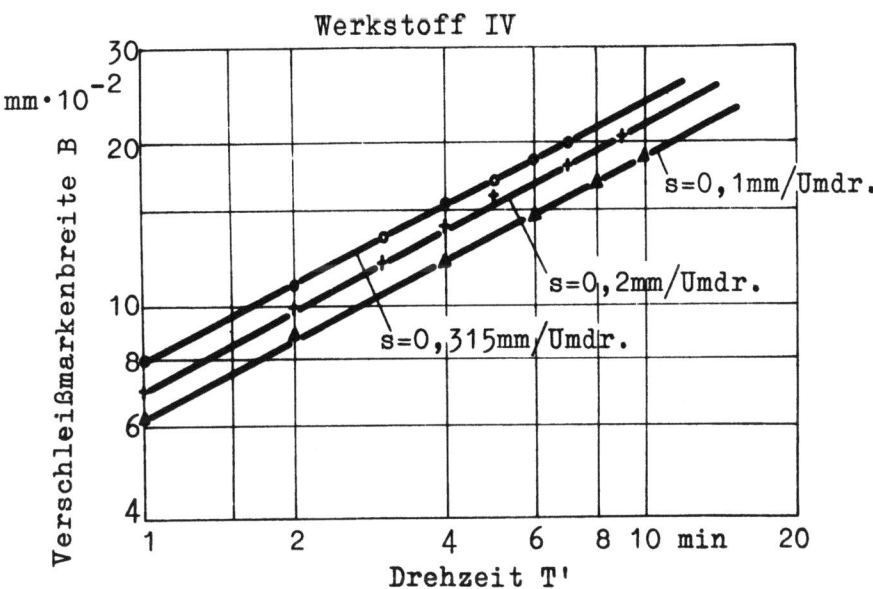

Abbildung 38

B = f (T') Vorschubabhängigkeit

Analyse: C_{ges} 0,05; Cr 16; Ni 12; Mn 1,3; Si 0,4; Ta/Nb 1,0 %

1/4 h 1100°/Luft; σ_B = 59 kg/mm²

Werkzeug: Hartmetall L 1

Freiwinkel : α = 6°   Einstellwinkel : $\varkappa$ = 45°
Spanwinkel : γ = 15°   Spitzenwinkel : ϵ = 90°
Neigungswinkel : λ = 10°   Spitzenradius : r = 0,5 mm

Schnittbedingungen: Spantiefe: a = 2 mm

Schnittgeschwindigkeit: v = 200 m/min

barkeit besser. Die Karbide sind wieder in Lösung gegangen, die Zwillingsstreifenbildung wird stärker und es tritt eine Kornvergröberung auf (Abb. 15)

Der Kolkverschleiß ist wiederum gering, maximal wurde ein Kriterium K = 0,03 erreicht. Durch die zusätzliche Wärmebehandlung läßt sich auch hier eine Standzeiterhöhung feststellen.

Um den Einfluß des Vorschubes auf die Standzeit zu ermitteln, wurde bei der konstanten Schnittgeschwindigkeit von v = 150 m/min mit den Vorschüben s = 0,1; 0,2; 0,315; 0,4 und 0,5 mm/U je eine Verschleißgerade gefahren. Der Vorschub von 0,2 mm/U ergibt die beste Standzeit (Abb. 41).

In den Abbildungen 42 und 43 sind Hauptschnittkraft P_1 und Abdrängkraft P_4 in Abhängigkeit von Schnittgeschwindigkeit und Vorschub für Werkstoff V in beiden Wärmebehandlungen aufgetragen. Für den angelieferten Zustand

Werkstoff IV

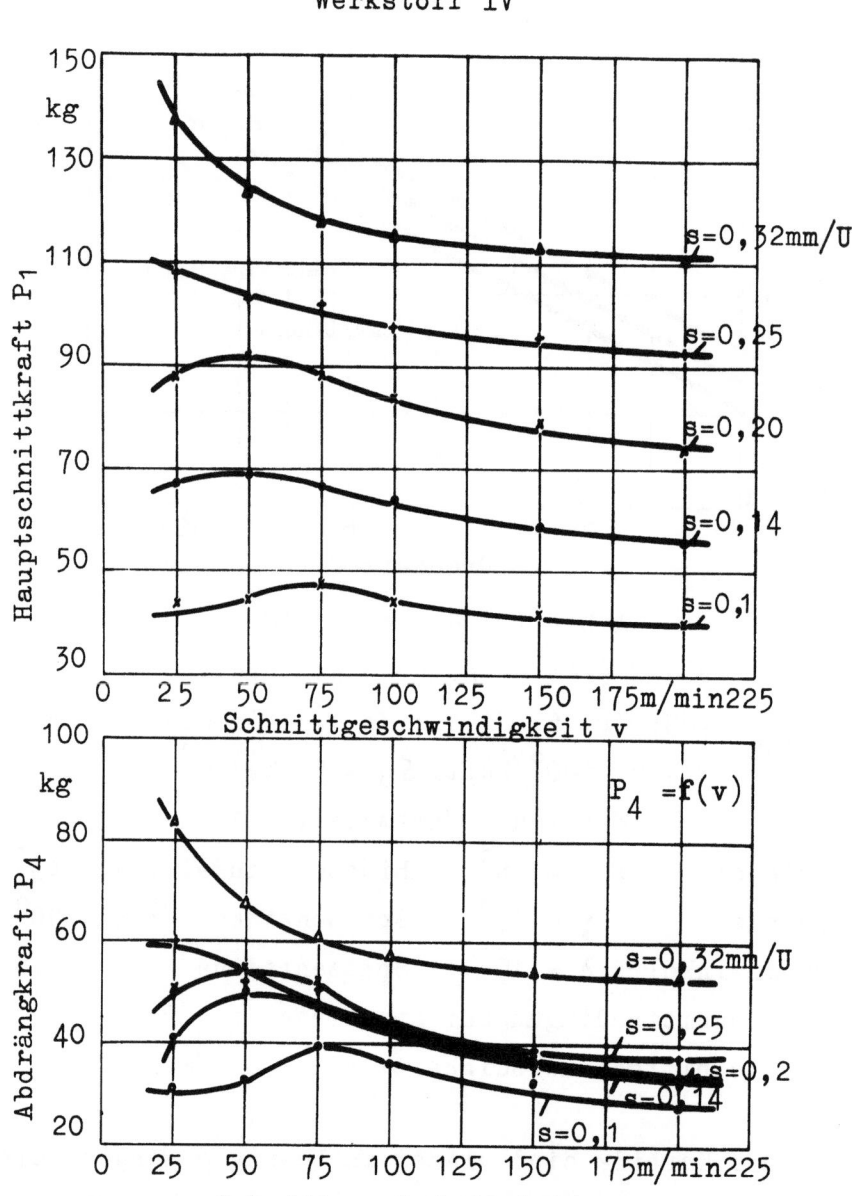

Abbildung 39

Hauptschnittkraft: $P_1 = f(v)$ für verschiedene s = const

Schnittkraftmesser: System Merchant

Werkzeug: Hartmetall L 1

Freiwinkel : $\alpha = 6°$ Einstellwinkel : $\varkappa = 45°$

Spanwinkel : $\gamma = 15°$ Spitzenwinkel : $\epsilon = 90°$

Neigungswinkel: $\lambda = 0°$ Spitzenradius : $r = 0,5$ mm

Schnittbedingungen: Spantiefe: $a = 2$ mm

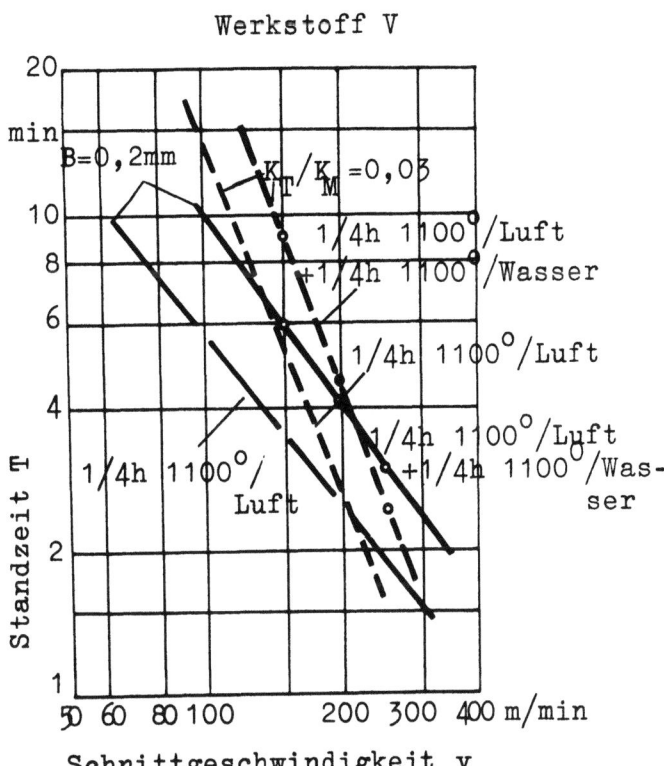

Abbildung 40

Standzeitgeraden $T = f(v)$ für $B = 0,2$ mm u. $K_T/K_M = 0,03$ mm

Analyse: C_{ges} 0,08; Cr 16; Ni 12, Mo 22, Mn 1,2; Si 0,8; Ta/Nb 1,3%

1/4 h 1100°/Luft; $\sigma_B = 62$ kg/mm²

Werkzeug: Hartmetall L 1

Freiwinkel : $\alpha = 6°$ Einstellwinkel : $\varkappa = 45°$
Spanwinkel : $\gamma = 15°$ Spitzenwinkel : $\varepsilon = 90°$
Neigungswinkel : $\lambda = 10°$ Spitzenradius : $r = 0,5$ mm

Schnittbedingungen: Vorschub: $s = 0,2$ mm/Umdr.

Spantiefe: $a = 2$ mm

liegt für den Vorschub $s = 0,2$ mm/U das Maximum für Hauptschnitt- und Abdrängkraft bei $v = 25$ m/min, für den Werkstoff mit zusätzlicher Wärmebehandlung bei $v = 50$ m/min. Die gemessenen und errechneten Schnittkraftwerte betragen für diese Schnittbedingungen im jeweiligen Maximum:

1/4 h 1100° C/Luft: $P_1 = 88$ kg; $P_4 = 59$ kg; $k_s = 220$ kg/mm²

1/4 h 1100° C/Luft +
1/4 h 1100° C/Wasser: $P_1 = 90$ kg; $P_4 = 59$ kg; $k_s = 225$ kg/mm²

Die Schnittkräfte sind also praktisch gleich. Rückschlüsse von der Schnittkraft auf die Zerspanbarkeit eines Werkstoffes können, wie diese Versuche erneut bestätigen, nicht gezogen werden.

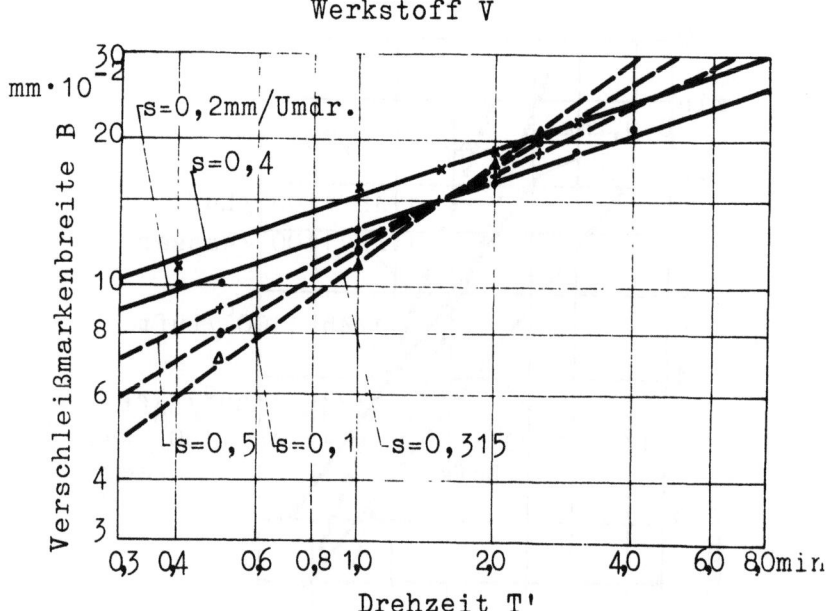

Abbildung 41

B = f (T') Vorschubabhängigkeit

Analyse: C_{ges} 0,08; Cr 16; Ni 12; Mo 2,2; Mn 1,2; Si 0,8; Ta/Nb 1,3%, 1/4 h 1100°/Luft; σ_B = 62 kg/mm²

Werkzeug: Hartmetall L 1

Freiwinkel : α = 6° Einstellwinkel : $\varkappa$ = 45°
Spanwinkel : γ = 15° Spitzenwinkel : ε = 90°
Neigungswinkel : λ = 10° Spitzenradius : r = 0,5 mm

Schnittbedingungen: Schnittgeschwindigkeit: v = 150 m/min

Spantiefe: a = 2 mm

Werkstoff VI

Für v = 175, 200 und 250 m/min wurde je eine Verschleißgerade bei den Schnittbedingungen a = 2 mm und s = 0,2 mm/U aufgenommen. Aus der Standzeitgeraden für B = 0,2 mm ergibt sich die Stundenschnittgeschwindigkeit v_{60} = 178 m/min. Bei diesen Versuchen wurde irrtümlich ein Meißel mit einem Neigungswinkel von λ = 0° verwendet, weshalb häufig Ausbrüche an der Schneide auftraten. Der Werkstoff VI ist der von den untersuchten Werkstoffen am besten zerspanbare (Abb. 44).

Kolkverschleiß trat praktisch nicht auf; die größte gemessene Kolktiefe betrug K_T = 7μ. Aus diesem Grunde wurde auf eine Auswertung des Kolkverschleißes verzichtet.

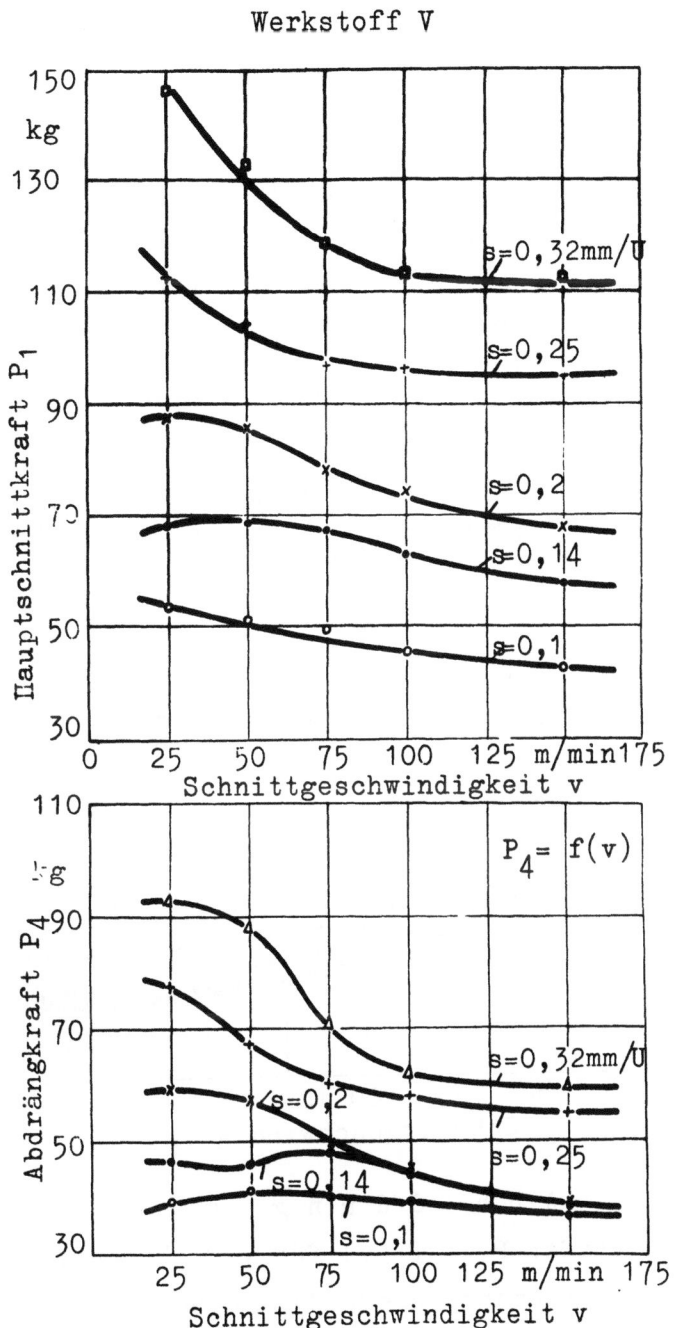

A b b i l d u n g   42

Hauptschnittkraft: $P_1 = f(v)$ für verschieden s = const

Schnittkraftmesser: System Merchant

Werkzeug: Hartmetall L 1

Freiwinkel : α = 6°   Einstellwinkel : $\varkappa$ = 45°
Spanwinkel : γ = 15°   Spitzenwinkel : ε = 90°
Neigungswinkel : λ = 0°   Spitzenradius : r = 0,5 mm

Schnittbedingungen: Spantiefe: a = 2 mm

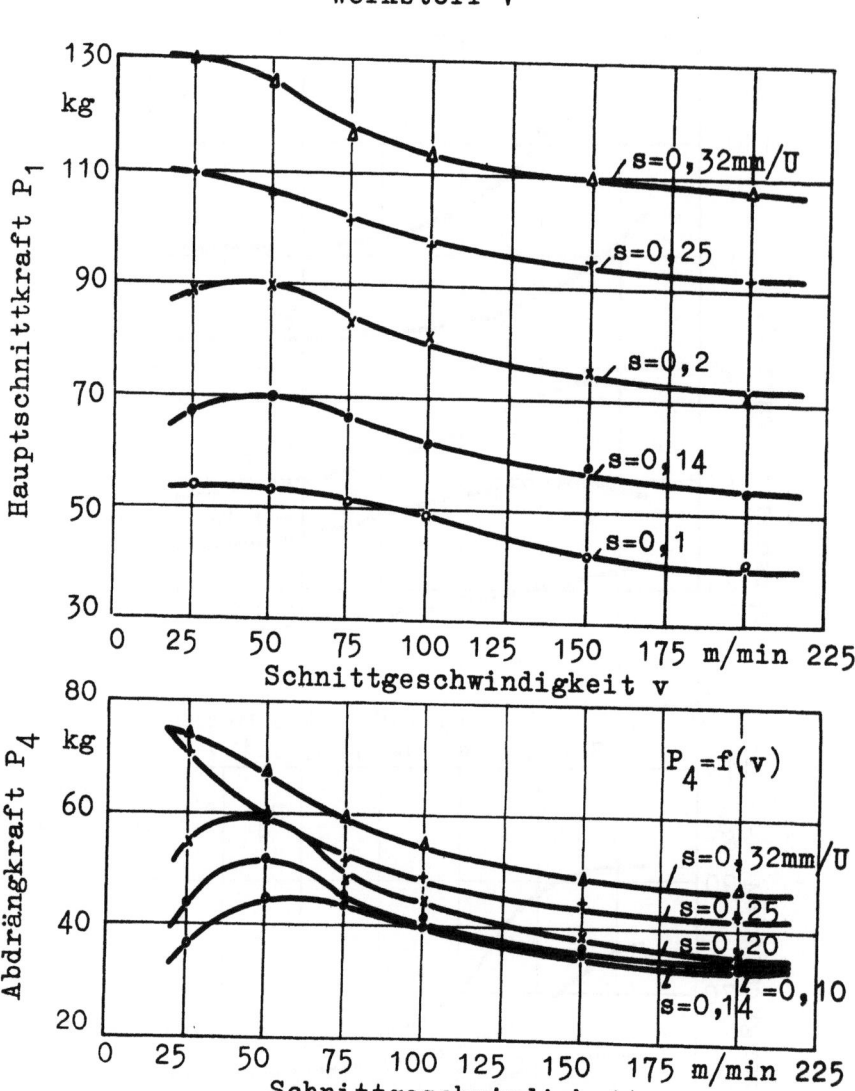

A b b i l d u n g   43

Hauptschnittkraft: $P_1 = f(v)$ für verschiedene s = const

Schnittkraftmesser: System Merchant

Werkzeug: Hartmetall L 1

Freiwinkel : $\alpha = 6°$ Einstellwinkel : $\varkappa = 45°$
Spanwinkel : $\gamma = 15°$ Spitzenwinkel : $\epsilon = 90°$
Neigungswinkel : $\lambda = 0°$ Spitzenradius : r = 0,5 mm

Schnittbedingungen: Spantiefe: a = 2 mm

Zusätzliche Wärmebehandlung 1/4 h 1100°/Wasser

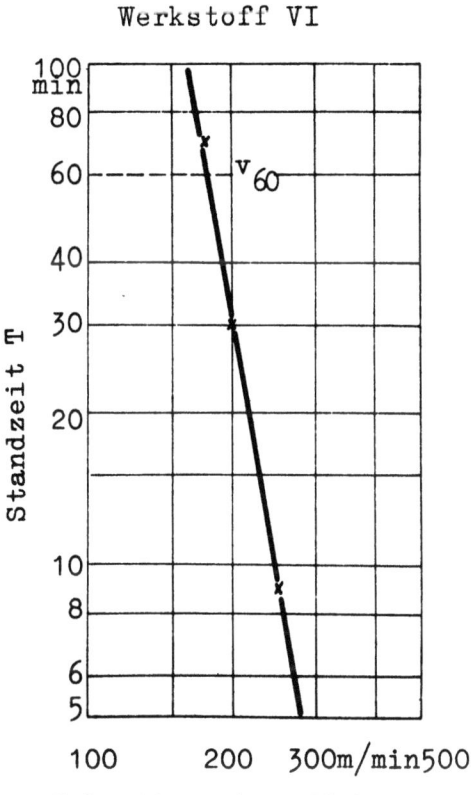

Abbildung 44

Standzeitgerade $T = f(v)$ für $B = 0,2$ mm

Analyse: C_{ges} 0,06; Cr 16; Ni 22; Mo 1,4; Mn 1,3; Si 0,9; V 0,8 Ta/Nb 1,0 N_2 0,1%, 1/4 h 1130°/Wasser + 5 h 750°/Luft, $\sigma_B = 65$ kg/mm^2

Werkzeug: Hartmetall L 1

Freiwinkel	: $\alpha = 6°$	Einstellwinkel	: $\varkappa = 45°$
Spanwinkel	: $\gamma = 15°$	Spitzenwinkel	: $\varepsilon = 90°$
Neigungswinkel	: $\lambda = 0°$	Spitzenradius	: $r = 0,5$ mm

Schnittbedingungen: Vorschub: $s = 0,2$ mm/Umdr.,

Spantiefe: $a = 2$ mm

Die Abbildung 45 zeigt die Abhängigkeit der Verschleißmarkenbreite von der Drehzeit bei verschiedenen Vorschüben. Für $s = 0,1$ und $0,2$ mm/U ist der Freiflächenverschleiß gleich, für die höheren Vorschübe $s = 0,315$ und $0,4$ mm/U ist ein größerer Freiflächenverschleiß zu beobachten. Die Schnittkräfte (Abb. 46) zeigen die bekannte Tendenz. Die Maxima liegen bei einem Vorschub $s = 0,2$ mm/U für die Hauptschnittkraft mit $P_1 = 92$ kg bei $v = 75$ m/min, für die Abdrängkraft mit $P_4 = 59$ kg bei $v = 50$ m/min. Die dazugehörige spezifische Schnittkraft beträgt $k_s = 230$ kg/mm^2.

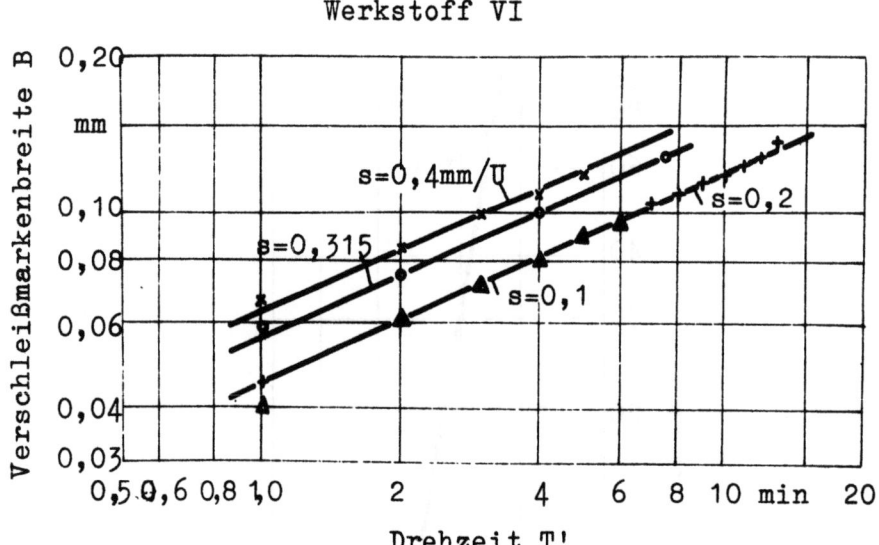

Abbildung 45

B = f (T') Vorschubabhängigkeit

Analyse: C_{ges} 0,06; Cr 16; Ni 22; Mo 1,4; Mn 1,3; Si 0,9; V 0,8; Ta/Nb 1,0; N_2 0,1%, 1/4 h 1130°/Wasser + 5 h 750°/Luft; σ_B = 65 kg/mm²

Werkzeug: Hartmetall L 1

Freiwinkel : α = 6° Einstellwinkel : $\varkappa$ = 45°
Spanwinkel : γ = 15° Spitzenwinkel : ϵ = 90°
Neigungswinkel : λ = 0° Spitzenradius : r = 0,5 mm

Schnittbedingungen: Schnittgeschwindigkeit: v = 200 m/min

Spantiefe: a = 2 mm

Werkstoff VII

Dieser Werkstoff hat die gleiche Analyse wie Werkstoff VI, nur ist er vor dem 5-stündigen Anlassen bei 750° C etwa 12 - 15 % warm-kalt-verformt worden. Dadurch wurde die Zugfestigkeit von σ_B = 65 kg/mm² auf 81 kg/mm² erhöht; entsprechend stieg die Härte von H_v = 185 auf 250 kg/mm².

Mit der normalen Schneidengeometrie wurde mit den Schnittbedingungen a = 2 mm und s = 0,2 mm/U je eine Verschleißkurve für die Schnittgeschwindigkeiten v = 50, 75, 100, 150 und 200 m/min gefahren (Abb. 47). Für die Reihen mit v = 50 und 100 m/min zeigte sich normale Tendenz, jedoch lag der Freiflächenverschleiß höher als bei Werkstoff VI. Bei v = 75 und 150 m/min blieb der Verschleiß auf der Freifläche jedoch geringer als bei der jeweils niedrigeren Schnittgeschwindigkeit. Die Verschleißgerade für v = 200 m/min hat bis zu einer Drehzeit von 5 min den geringsten Verschleiß

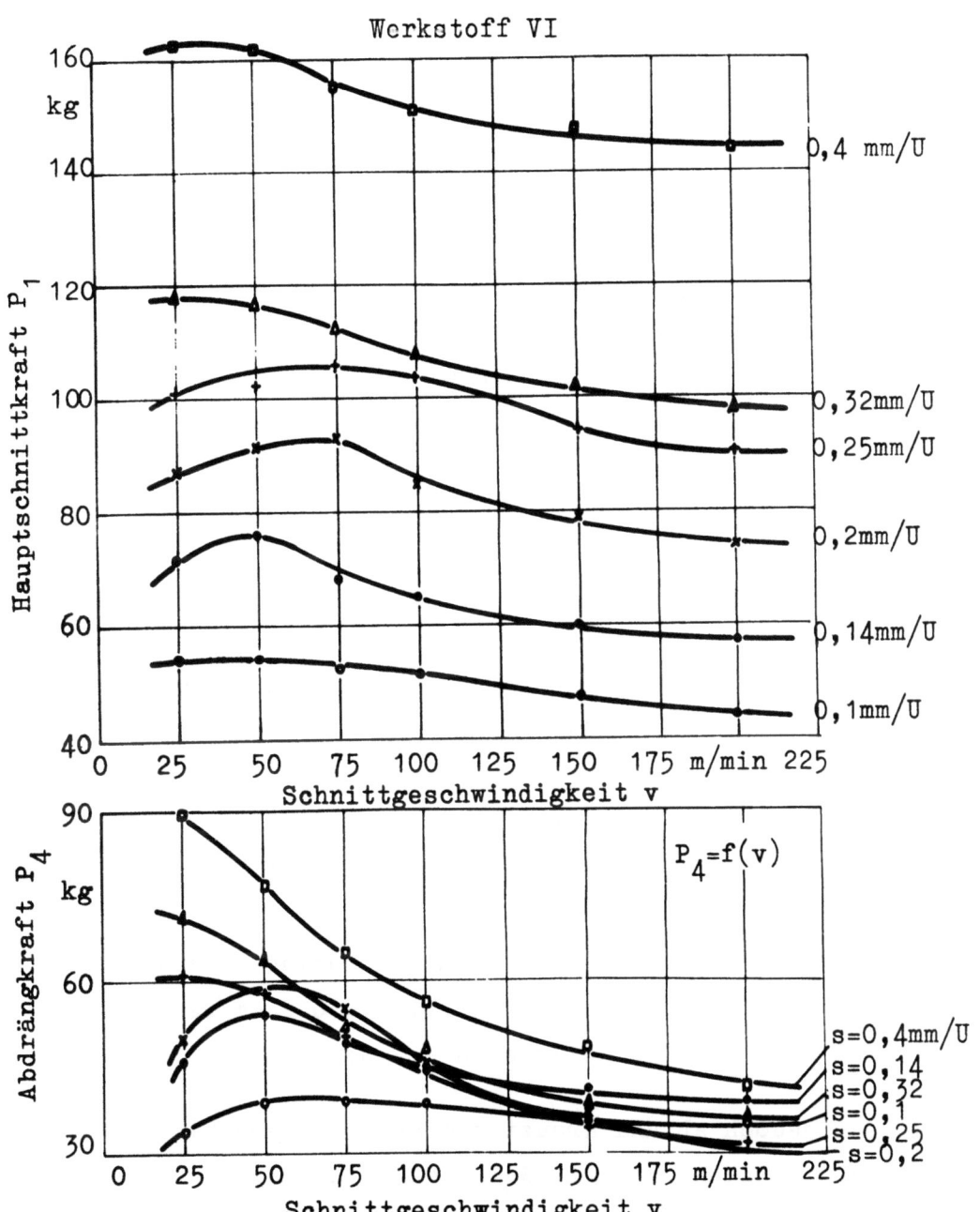

Abbildung 46

Hauptschnittkraft: $P_1 = f(v)$ für verschiedene s = const

Schnittkraftmesser: System Merchant

Werkzeug: Hartmetall L 1

Freiwinkel	: α = 6°	Einstellwinkel	: $\varkappa$ = 45°
Spanwinkel	: γ = 15°	Spitzenwinkel	: ε = 90°
Neigungswinkel	: λ = 0°	Spitzenradius	: r = 0,5 mm

Schnittbedingungen: Spantiefe: a = 2 mm

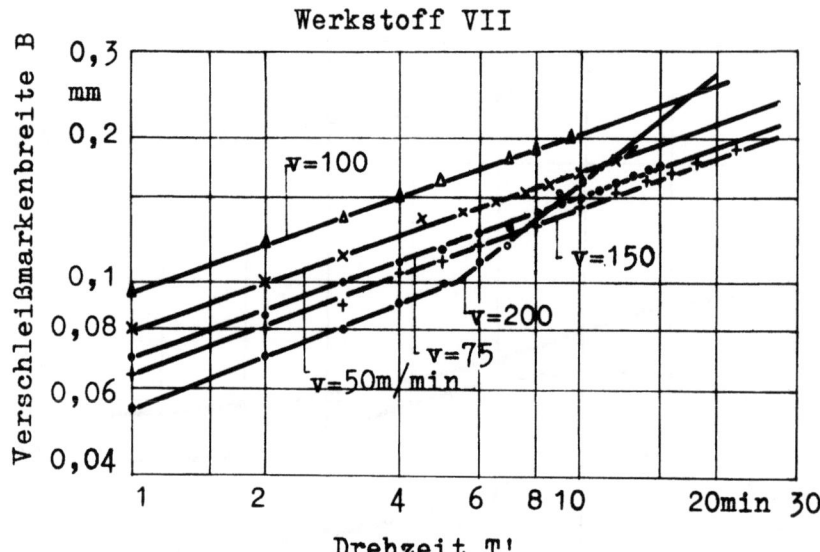

Abbildung 47

B = f (T')

Analyse: C_{ges} 0,06; Cr 16; Ni 22; Mo 1,4; Mn 1,3; Si 0,9; V 0,8; Ta/Nb 1,0
N_2 0,1 %, 1/4 h 1130°/Wasser + 12 ≈ 15 % WK,
+ 5 h 750°/Luft; σ_B = 81 kg/mm²

Werkzeug: Hartmetall L 1

Freiwinkel : α = 6°   Einstellwinkel : $\varkappa$ = 45°
Spanwinkel : γ = 15°   Spitzenwinkel : ε = 90°
Neigungswinkel : λ = 10°   Spitzenradius : r = 0,5 mm
Schnittbedingungen: Vorschub: s = 0,2 mm/Umdr.,
Spantiefe: a = 2 mm

dann knickt sie jedoch ab und kreuzt die anderen Verschleißgeraden, die Verschleißgeschwindigkeit steigt. Wegen Materialmangel konnten nur 11 min gedreht werden und der Verlauf der Verschleißgeraden bei längeren Drehzeiten und größeren Verschleißmarkenbreiten nicht verfolgt werden.

In Abbildung 48 sind die Standzeiten bei den untersuchten Schnittgeschwindigkeiten für B = 0,2 mm in Säulenform dargestellt. Für das Kriterium B = 0,2 mm betragen die Standzeiten bei den jeweiligen Schnittgeschwindigkeiten:

v = 50 m/min : T = 17,0 min
v = 75 m/min : T = 23,0 min
v = 100 m/min : T = 9,5 min
v = 150 m/min : T = 27,0 min
v = 200 m/min : T = 13,5 min

Werkstoff VII

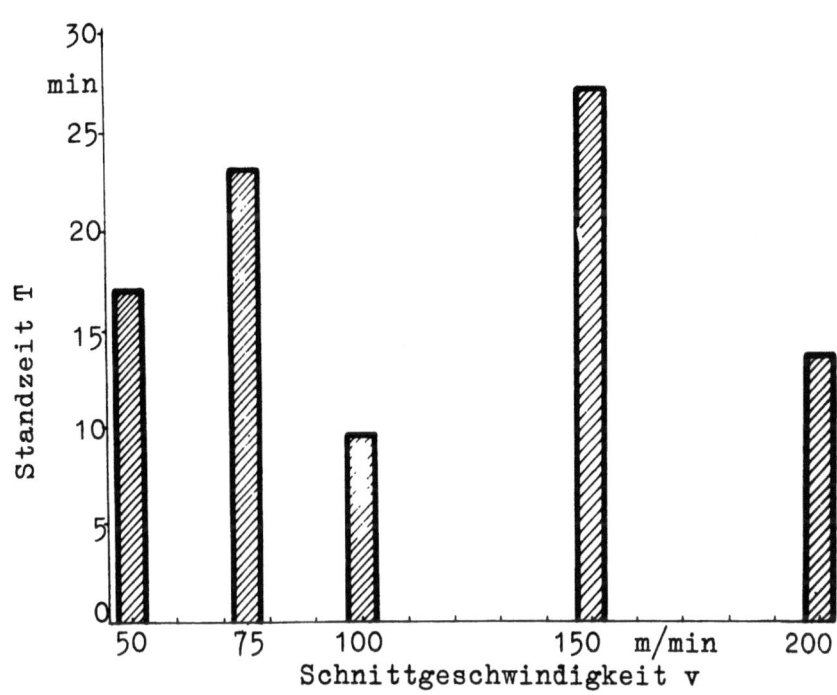

Abbildung 48

Standzeiten T bei verschiedenen Schnittgeschwindigkeiten,

Standzeitkriterium: B = 0,2 mm

Analyse: C_{ges} 0,06; Cr 16; Ni 22; Mo 14; Mn 1,3; Si 0,9; V 0,8; Ta/Nb 1,0
N_2 0,1 %, 1/4 h 1130°/Wasser + 12 ∻ 15 % Wk,
+ 5 h 750°/Luft; σ_B = 81 kg/mm²

Werkzeug: Hartmetall L 1

Freiwinkel : α = 6°   Einstellwinkel : $\varkappa$ = 45°
Spanwinkel : γ = 15°   Spitzenwinkel : ε = 90°
Neigungswinkel : λ = 10°   Spitzenradius : r = 0,5 mm

Schnittbedingungen: Vorschub: s = 0,2 mm/Umdr.,

Spantiefe: a = 2 mm

Das eigenartige Verhalten dieses warm-kalt-verformten Werkstoffes, daß der Verschleiß nicht mit zunehmender Schnittgeschwindigkeit anwächst, konnte nicht geklärt werden. Eine Härtemessung vor dem Versuch ergab eine gleichmäßige Verteilung der Härte über den gesamten Querschnitt der zu zerspanenden Welle.

Kolkverschleiß trat nur bei Schnittgeschwindigkeiten von 150 und 200 m/min auf, doch war dieser für eine Auswertung zu gering.

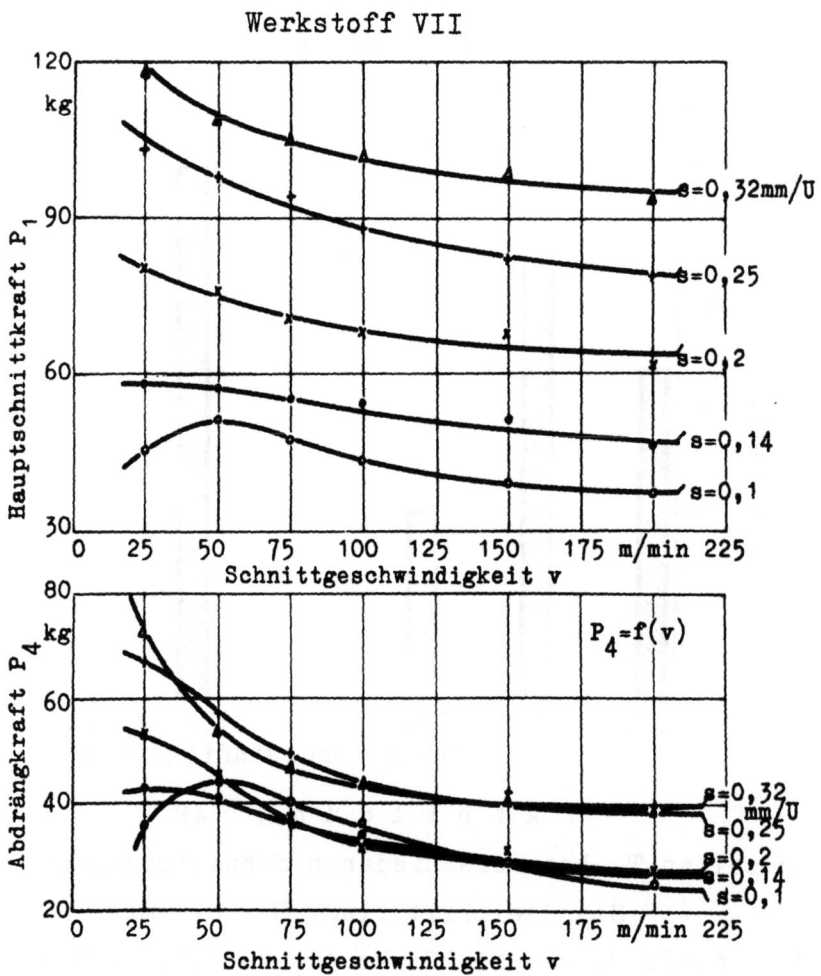

Abbildung 49

Hauptschnittkraft: $P_1 = f(v)$ für verschiedene s = const

Schnittkraftmesser: System Merchant

Werkzeug: Hartmetall L 1

Freiwinkel : α = 6°   Einstellwinkel : $\varkappa$ = 45°
Spanwinkel : γ = 15°   Spitzenwinkel : ϵ = 90°
Neigungswinkel : λ = 0°   Spitzenradius : r = 0,5 mm

Schnittbedingungen: Spantiefe: a = 2 mm

Eine Vorschubabhängigkeit konnte wegen Werkstoffmangel nicht ermittelt werden.

Hauptschnittkraft und Abdrängkraft fallen mit steigender Schnittgeschwindigkeit (Abb. 49).

Für v = 50 m/min und s = 0,2 mm/U, ergeben sich folgende Werte:

$$P_1 = 74{,}5 \text{ kg}; \; P_4 = 45 \text{ kg}; \; k_s = 186 \text{ kg/mm}^2$$

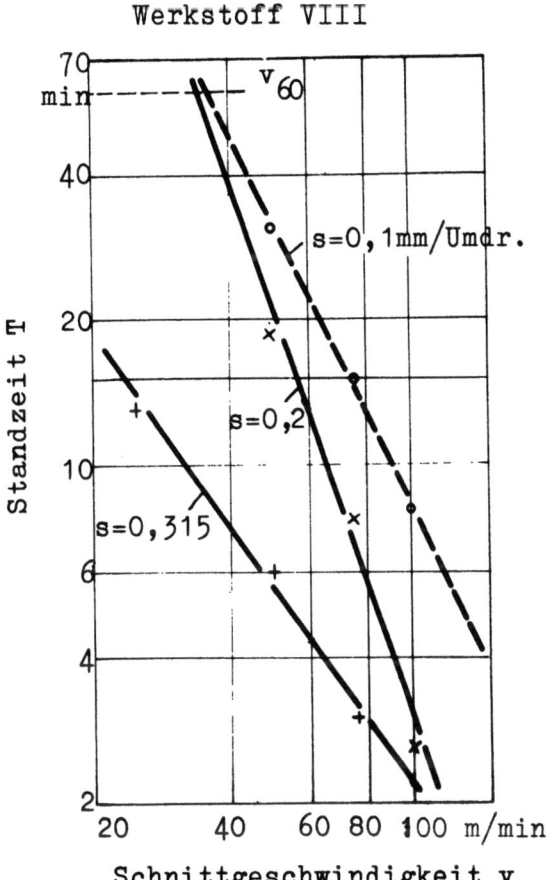

A b b i l d u n g   50

Standzeitgeraden $\overset{\cdot}{T} = f(v)$ für B = 0,2 mm

Analyse: C_{ges} 0,07; Cr 16; Ni 20; Mo 2,6; W 2,0; Co 20; Mn 1,3; Si 0,6; V 1,0; Ta/Nb 0,6; N_2 0,1; σ_B = 75 kg/mm², 1/4 h 1200°/Öl + 24 h 750°/Luft

Werkzeug: Hartmetall L 1

Freiwinkel : α = 6°   Einstellwinkel : $\varkappa$ = 45°
Spanwinkel : γ = 15°   Spitzenwinkel : ε = 90°
Neigungswinkel : λ = 10°   Spitzenradius : r = 0,5 mm

Schnittbedingungen: Spantiefe: a = 2mm

Werkstoff VIII

Für die Vorschübe s = 0,1, 0,2 und 0,315 mm/U wurden bei den Schnittgeschwindigkeiten v = 25 bzw. 50, 75 und 100 m/min Verschleißgeraden bei einem Spanwinkel von 15° aufgenommen. Aus den drei Standzeitgeraden (Abb. 50) ergeben sich folgende v_{60}-Werte für

Werkstoff VIII

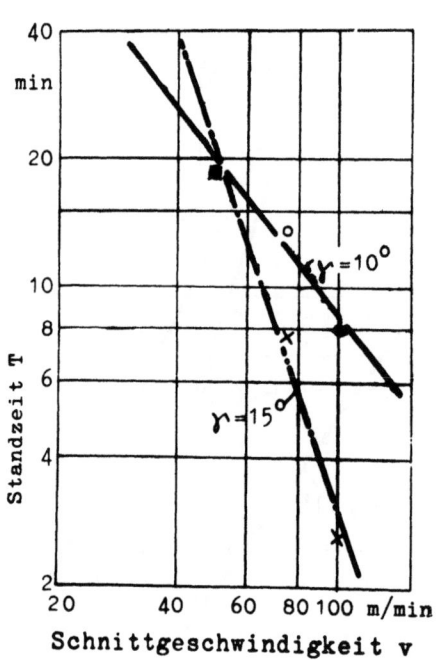

Abbildung 51

Standzeitgeraden T = f (v) für B = 0,2 mm

Vergleich bei verschiedenen Spanwinkeln

Analyse: C_{ges} 0,07; Cr 16; Ni 20; Mo 2,6; W 2,0; Co 20; Mn 1,3; Si 0,6;
V 1,0; Ta/Nb 0,6; N_2 0,1; σ_B = 75 kg/mm², 1/4 h 1200°/Öl + 24 h 750°/Luft

Werkzeug: Hartmetall L 1

Freiwinkel : α = 6°   Einstellwinkel : $\varkappa$ = 45°
Spanwinkel : γ = 10°/15° Spitzenwinkel : ε = 90°
Neigungswinkel : λ = 10°   Spitzenradius : r = 0,5 mm

Schnittbedingungen: Vorschub: s = 0,2 mm/Umdr.,

Spantiefe: a = 2 mm

s = 0,1   mm/U v_{60} = 37 m/min
s = 0,2   mm/U v_{60} = 36 m/min
s = 0,315 mm/U v_{60} = 9,2 m/min[1]

Dabei ist die Steigung der einzelnen Standzeitgeraden sehr unterschiedlich. Weiterhin wurde eine Standzeitgerade bei einem Vorschub s = 0,2 mm/U für einen Spanwinkel γ = 10° aufgestellt. Der Vergleich der Standzeitgeraden für γ = 10° und 15° ist in Abbildung 51 dargestellt.

1. Extrem extrapoliert; Wert nicht gesichert

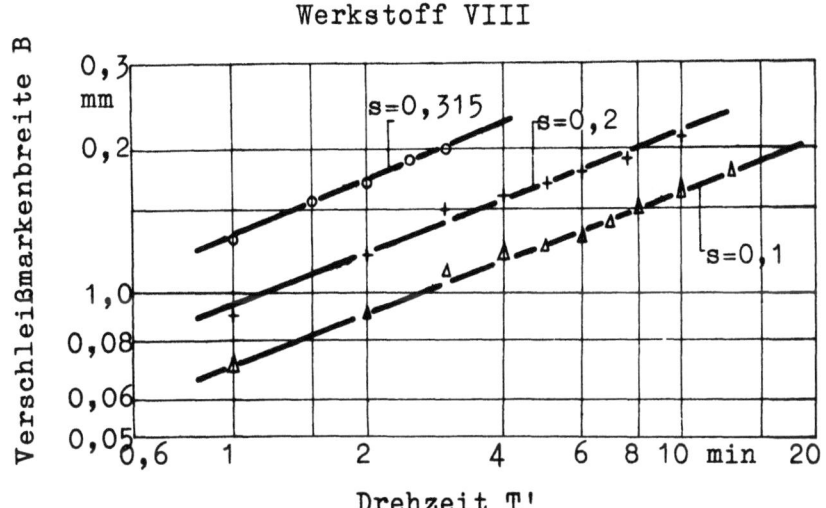

Abbildung 52

B = f (T') Vorschubabhängigkeit

Analyse: C_{ges} 0,07; Cr 16; Ni 20; Mo 2,6; W 2,0; Co 20; Mn 1,3; Si 0,6; V 1,0; Ta/Nb 0,6; N_2 0,1; σ_B = 75 kg/mm², 1/4 h 1200°/Öl + 24 h 750°/Luft

Werkzeug: Hartmetall L 1

Freiwinkel : α = 6°   Einstellwinkel : $\varkappa$ = 45°
Spanwinkel : γ = 10°/15° Spitzenwinkel : ε = 90°
Neigungswinkel : λ = 10°   Spitzenradius : r = 0,5 mm

Schnittbedingungen: Schnittgeschwindigkeit: v = 75 m/min

Spantiefe: a = 2 mm

Die Standzeitgerade für γ = 10° hat eine wesentlich geringere Neigung und schneidet die Gerade für γ = 15° bei einer Geschwindigkeit von etwa 51 m/min. Durch die Verringerung des Spanwinkels ergibt sich eine Verminderung der Stundenschnittgeschwindigkeit von v_{60} = 36 auf 23 m/min, also um 36 %.

Die Vorschubabhängigkeit wurde für eine Schnittgeschwindigkeit v = 75 m/min untersucht. Aus Abbildung 52 geht hervor, daß der Freiflächenverschleiß mit größer werdendem Vorschub ansteigt.

Kolkverschleiß tritt praktisch nicht auf. Auf allen Forsterdiagrammen läßt sich nur eine Kantenabrundung feststellen, so daß der Verschleiß auf der Spanfläche zur Standzeitbeurteilung nicht herangezogen wurde.

Die Schnittkräfte zeigen wieder fallende Tendenz mit steigender Schnittgeschwindigkeit. Für s = 0,2 mm/U liegt das Maximum für die Hauptschnittkraft mit P_1 = 95 kg und die Abdrängkraft mit P_4 = 60 kg bei v = 25 m/min. Die spezifische Schnittkraft beträgt für diese Schnittbedingung k_s = 238 kg/mm² (Abb. 53).

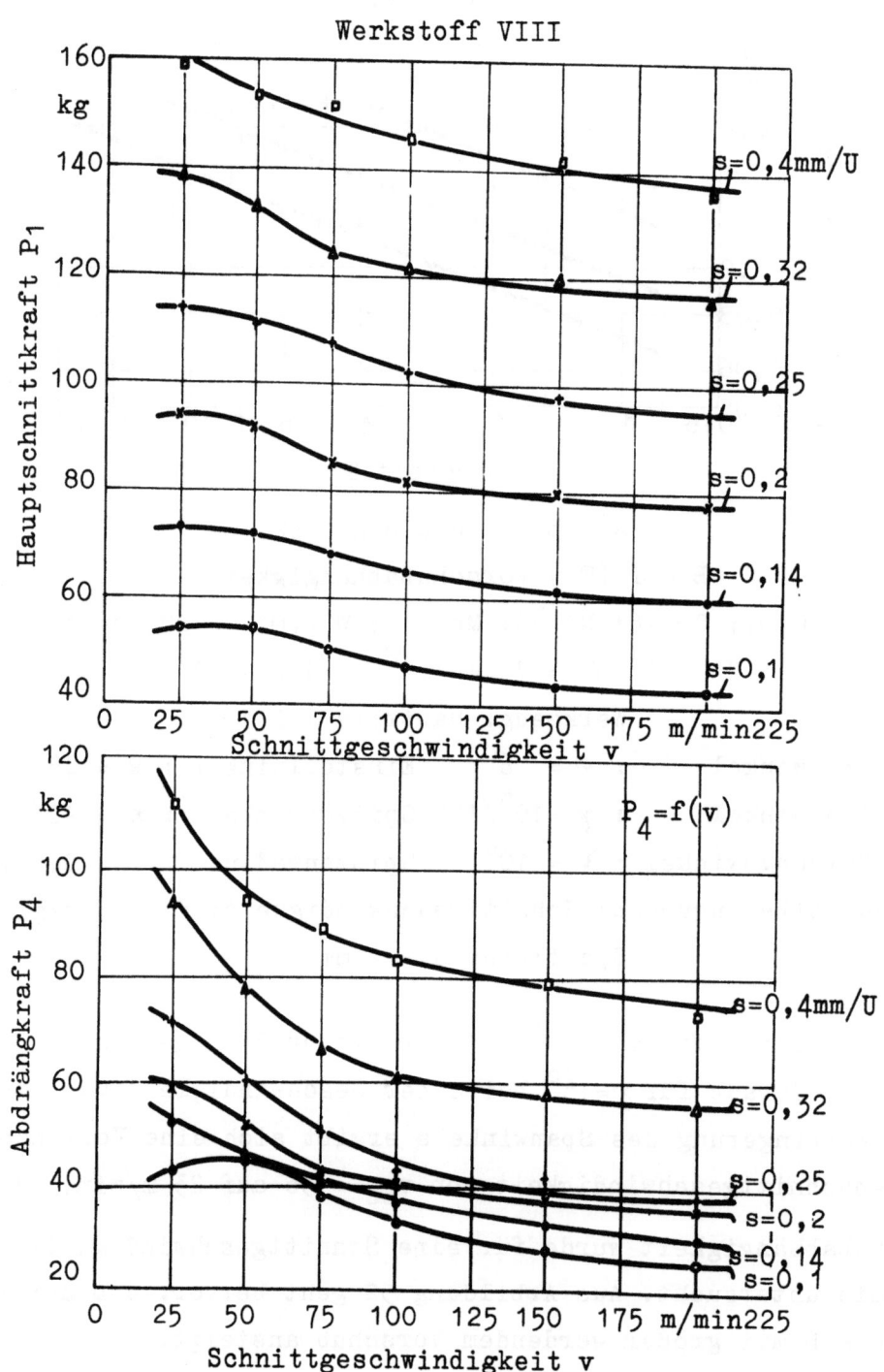

A b b i l d u n g 53

Hauptschnittkraft: $P_1 = f(v)$ für verschiedene s = const

Schnittkraftmesser: System Merchant

Werkzeug: Hartmetall L 1

Freiwinkel : $\alpha = 6°$ Einstellwinkel : $\varkappa = 45°$

Spanwinkel : $\gamma = 15°$ Spitzenwinkel : $\varepsilon = 90°$

Neigungswinkel : $\lambda = 0°$ Spitzenradius : $r = 0,5$ mm

Schnittbedingungen: Spantiefe: $a = 2$ mm

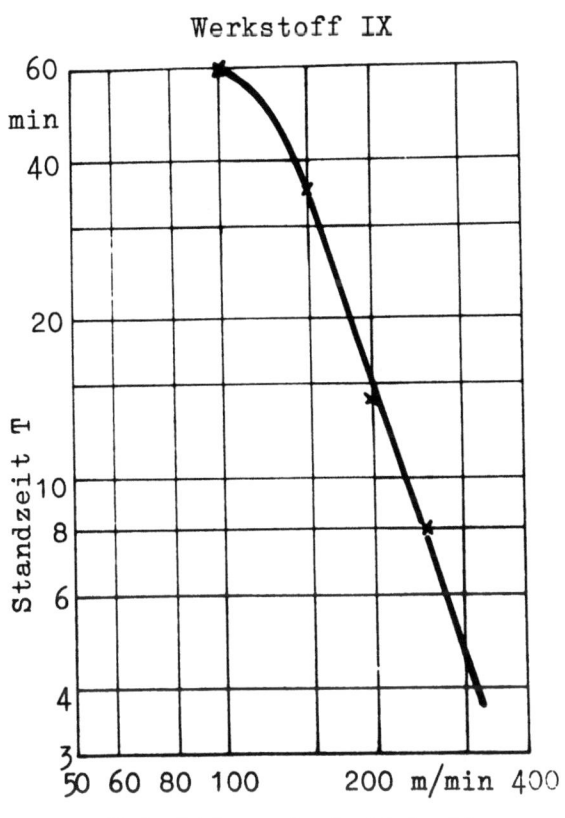

Abbildung 54

Standzeitgerade $T = f(v)$ für $B = 0,2$ mm

Analyse: C_{ges} 0,06; Cr 17; Ni 13; Mo 1,5; Mn 1,3; Si 0,5; V 0,7; Ta/Nb 1,0
N_2 0,1%, 1/4 h 1130°/Wasser + 5 h 750°/Luft, σ_B = 67 kg/mm²

Werkzeug: Hartmetall L 1

Freiwinkel : α = 6°   Einstellwinkel : $\varkappa$ = 45°
Spanwinkel : γ = 15°   Spitzenwinkel : ε = 90°
Neigungswinkel : λ = 10°   Spitzenradius : r = 0,5 mm

Schnittbedingungen: Spantiefe: a = 2 mm

Vorschub: s = 0,2 mm/Umdr.

Werkstoff IX

Für die Schnittgeschwindigkeiten v = 100, 150, 200 und 250 m/min wurde bei den Schnittbedingungen a x s = 2 x 0,2 mm² je eine Versuchsreihe durchgeführt und die Standzeit-Schnittgeschwindigkeitsabhängigkeit für das Kriterium B = 0,2 mm ermittelt. Dabei ist zwischen v = 100 und 150 m/min ein Abknicken der Geraden festzustellen (Abb. 54).

Wird geradlinig extrapoliert, so ergibt sich ein v_{60}-Wert von 125 m/min.

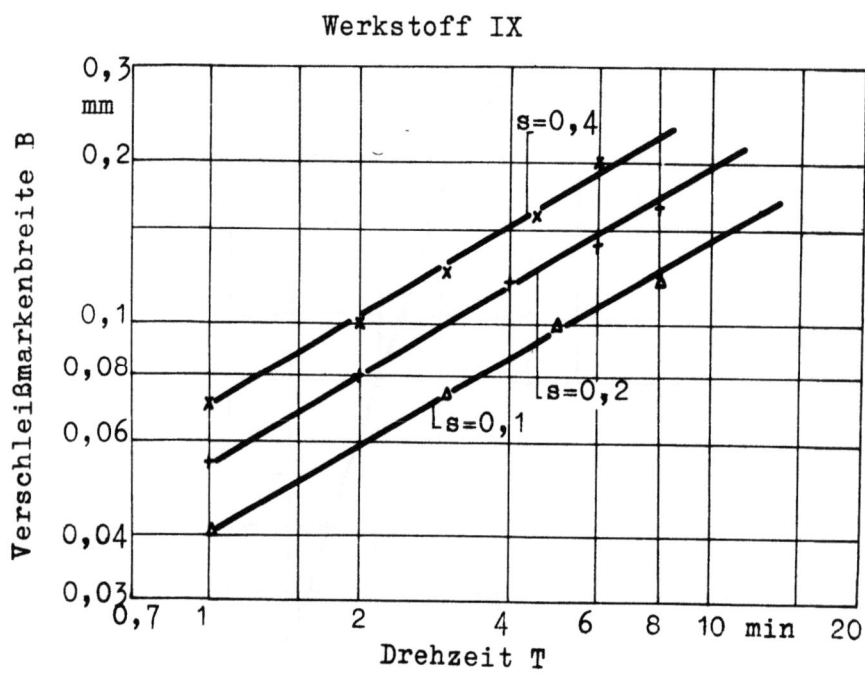

Abbildung 55

B = f (T') Vorschubabhängigkeit

Analyse: C_{ges} 0,06; Cr 17; Ni 13; Mo 1,5; Mn 1,3; Si 0,5; V 0,7; Ta/Nb 1,0
N_2 0,1%, 1/4 h 1130°/Wasser + 5 h 750°/Luft, σ_B = 67 kg/mm²

Werkzeug: Hartmetall L 1

Freiwinkel : α = 6°   Einstellwinkel : $\varkappa$ = 45°
Spanwinkel : γ = 15°   Spitzenwinkel : ϵ = 90°
Neigungswinkel : λ = 10°   Spitzenradius : r = 0,5 mm

Schnittbedingungen: Schnittgeschwindigkeit: v = 200 m/min,
Spantiefe: a = 2 mm

Das hier zu beobachtende Abbiegen der Standzeitgerade wurde ebenfalls bei normalen Baustählen festgestellt. Die Ursache hierfür ist in der Spanbildung zu suchen.

Um zu überprüfen, ob das Abbiegen der Standzeitkurve nicht auf Versuchsfehler zurückzuführen war, wurde der Versuch wiederholt. Dabei ergab sich für B = 0,2 mm wiederum eine Standzeit von 60 min.

Der Kolkverschleiß war zur Auswertung zu gering. Die Vorschubabhängigkeit in Abbildung 55 zeigt Zunahme des Verschleißes auf der Freifläche mit größer werdendem Vorschub. Wegen Materialmangel wurden die Schnittkräfte nur für drei Vorschübe gemessen. Für s = 0,2 mm/U liegen die Maxima für die Hauptschnittkraft mit P_1 = 84 kg und für die Abdrängkraft mit P_4 =

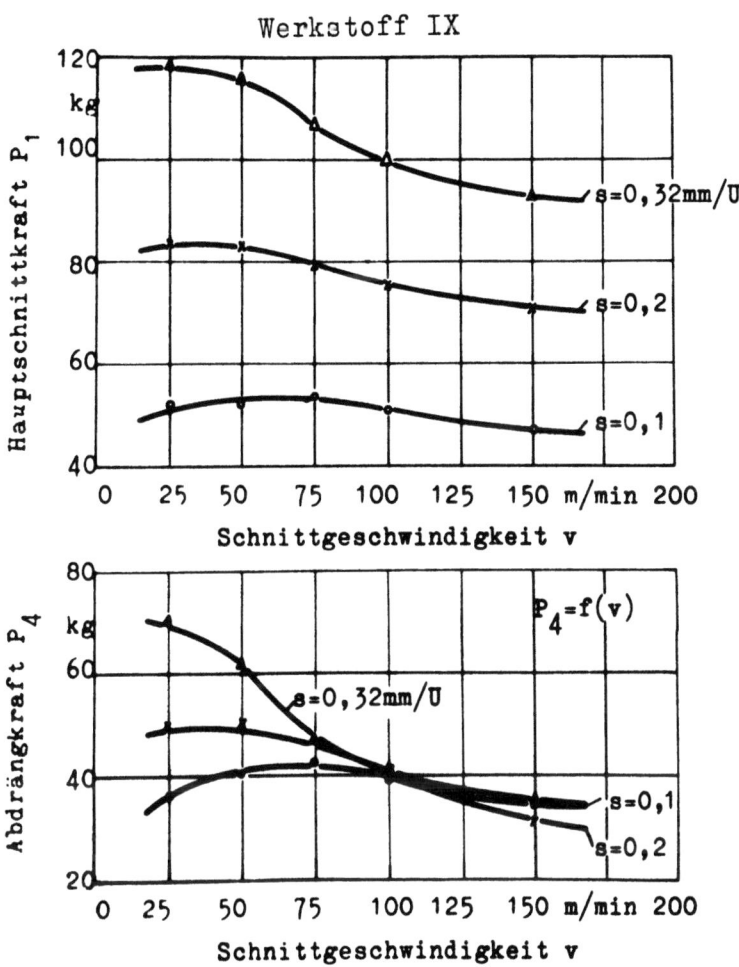

Abbildung 56

Hauptschnittkraft: $P_1 = f(v)$ für verschiedene s = const

Schnittkraftmesser: System Merchant

Werkzeug: Hartmetall L 1

Freiwinkel : $\alpha = 6°$ Einstellwinkel : $\varkappa = 45°$
Spanwinkel : $\gamma = 15°$ Spitzenwinkel : $\varepsilon = 90°$
Neigungswinkel : $\lambda = 0°$ Spitzenradius : r = 0,5 mm

Schnittbedingungen: Spantiefe: a = 2 mm

49 kg bei v = 40 m/min. Für diese Schnittbedingung hat die spezifische Schnittkraft einen Wert von k_s = 210 kg/mm² (Abb. 56).

Werkstoff X

Dieser Werkstoff mit der gleichen Zusammensetzung wie Werkstoff IX wurde nach der ersten Warmbehandlung einer 12 - 15 %igen Warm-Kaltverformung unterzogen und anschließend 5 Stunden bei 750° geglüht und an Luft

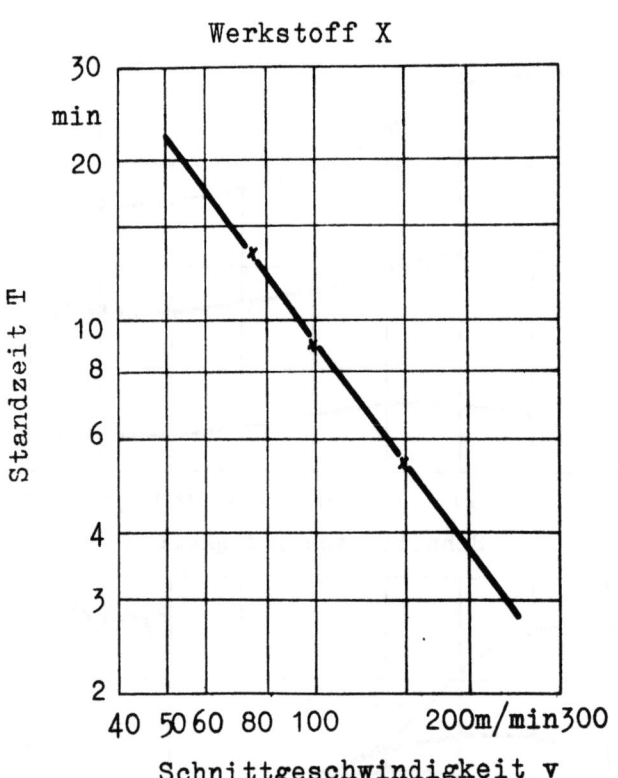

Abbildung 57

Standzeitgerade T = f (v) für B = 0,2 mm

Analyse: C_{ges} 0,06; Cr 17; Ni 13; Mo 15; Mn 1,3; Si 0,5; V 0,7; Ta/Nb 1,0
N_2 0,1 %, 1/4 h 1130°/Wasser + 12 % 15% WK + 5 h 750°/Luft; σ_B = 86 kg/mm²

Werkzeug: Hartmetall L 1

Freiwinkel : α = 6°   Einstellwinkel : $\varkappa$ = 45°
Spanwinkel : γ = 15°   Spitzenwinkel : ϵ = 90°
Neigungswinkel : λ = 10°   Spitzenradius : r = 0,5 mm

Schnittbedingungen: Vorschub: s = 0,2 mm/Umdr.

Spantiefe: a = 2 mm

abgekühlt. Durch die Verformung erhöhte sich die Festigkeit um rund 30 % von σ_B = 67 auf 86 kg/mm². Drei Verschleißgeraden wurden mit den Schnittdingungen a x s = 2 x 0,2 mm² für die Schnittgeschwindigkeiten v = 75, 100 und 150 m/min gefahren. Durch geradlinige Extrapolation der Standzeitgerade in Abbildung 57 ergibt sich ein v_{60}-Wert von 23 [2] m/min.

Durch die Warm-Kaltverformung ist die Warmfestigkeit gesteigert, die Zerspanbarkeit jedoch verschlechtert worden, wie der Vergleich zu Werkstoff IX zeigt.

---

2. Wert nicht gesichert, stark extrapoliert

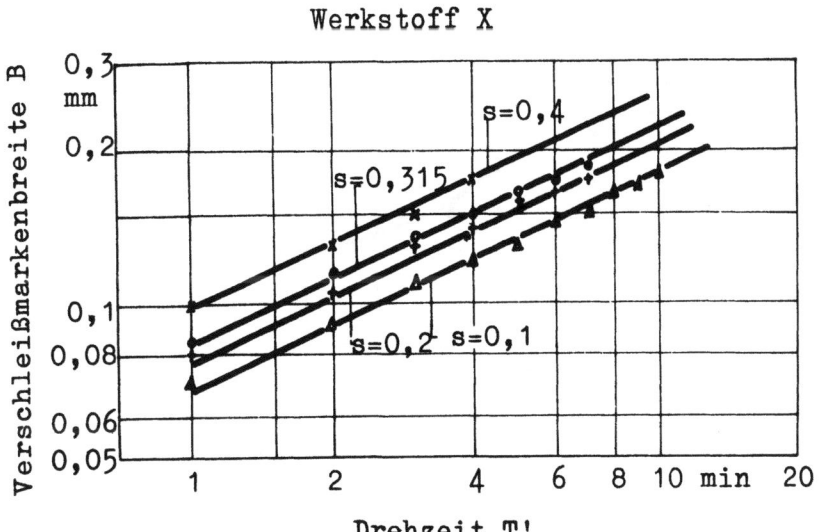

Abbildung 58

B = f (T') Vorschubabhängigkeit

Analyse: C_{ges} 0,06; Cr 17; Ni 13; Mo 15; Mn 1,3; Si 0,5; V 0,7; Ta/Nb 1,0
N_2 0,1%, 1/4 h 1130°/Wasser + 12 % 15% WK + 5 h 750°/Luft; σ_B = 86 kg/mm²

Werkzeug: Hartmetall L 1

Freiwinkel : α = 6°   Einstellwinkel : $\varkappa$ = 45°
Spanwinkel : γ = 15°   Spitzenwinkel : ϵ = 90°
Neigungswinkel : λ = 10°   Spitzenradius : r = 0,5 mm

Schnittbedingungen: Schnittgeschwindigkeit: v = 100 m/min

Die Vorschubabhängigkeit in Abbildung 58 zeigt wieder die Tendenz, daß mit steigendem Vorschub der Freiflächenverschleiß größer wird.

Die Schnittkraftmessungen zeigen den üblichen Verlauf der Hauptschnitt- und Abdrängkraft in Abhängigkeit von Schnittgeschwindigkeit und Vorschub. Für s = 0,2 mm liegen die Maxima bei einer Schnittgeschwindigkeit von v = 25 m/min. Die dazugehörigen Schnittkraftwerte sind: P_1 = 98 kg; P_4 = 68 kg; k_s = 245 kg/mm² (Abb. 59).

Werkstoff XI

Dieser Werkstoff weist von allen Werkstoffen den geringsten Kohlenstoffgehalt auf. Als karbidbildendes Element wurden 1,4 % Titan zulegiert. Die Versuche wurden bei niedrigen Schnittgeschwindigkeiten v = 30, 50 und 100 m/min und den Vorschüben s = 0,2 und 0,315 mm/U durchgeführt.

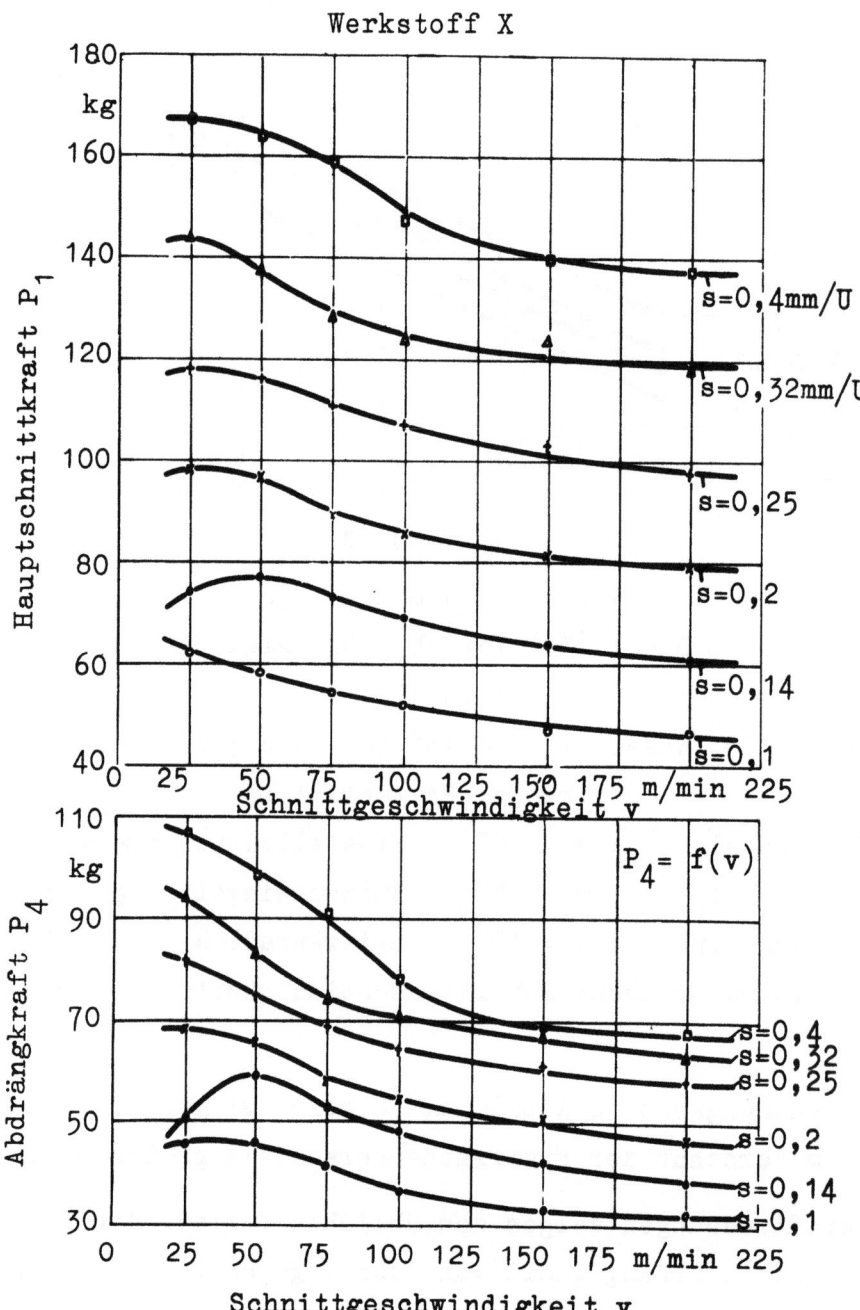

Abbildung 59

Hauptschnittkraft: $P_1 = f(v)$ für verschiedene s = const

Schnittkraftmesser: System Merchant

Werkzeug: Hartmetall L 1

Freiwinkel	: α = 6°	Einstellwinkel	: $\varkappa$ = 45°
Spanwinkel	: γ = 15°	Spitzenwinkel	: ε = 90°
Neigungswinkel	: λ = 0°	Spitzenradius	: r = 0,5 mm

Schnittbedingungen: Spantiefe: a = 2 mm

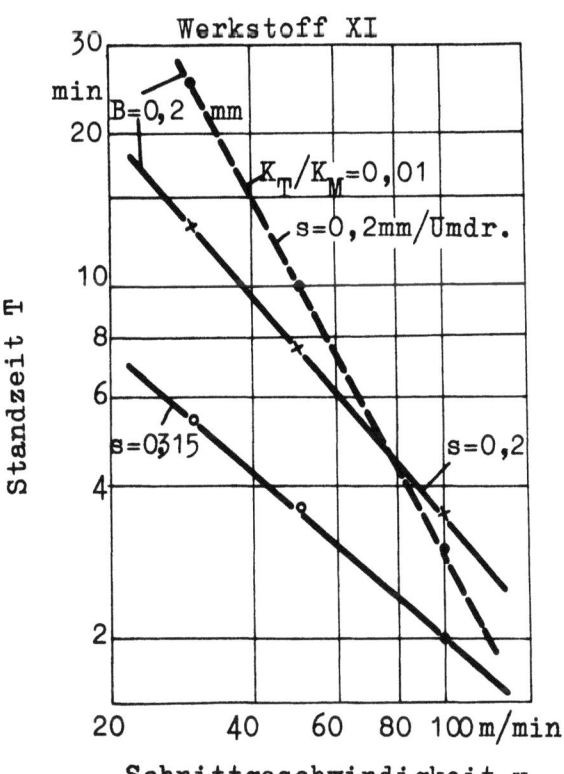

Abbildung 60

Standzeitgeraden $T = f(v)$ für $B = 0,2$ mm und $K_T/K_M = 0,01$

Analyse: C_{ges} 0,04; Cr 16; Ni 29; Mn 0,9; Si 1,0; Ti 1,4; Al 0,6 %

1/2 h 1100°/Öl + 5 h 750°/Luft; $\sigma_B = 63$ kg/mm^2

Werkzeug: Hartmetall L 1

Freiwinkel	: $\alpha = 6°$	Einstellwinkel	: $\varkappa = 45°$
Spanwinkel	: $\gamma = 15°$	Spitzenwinkel	: $\varepsilon = 90°$
Neigungswinkel	: $\lambda = 10°$	Spitzenradius	: $r = 0,5$ mm

Schnittbedingungen: Spantiefe: $a = 2$ mm

Der Wert für die Stundenschnittgeschwindigkeit beträgt für $s = 0,2$ mm/U bei sehr weiter Extrapolation $v_{60} = 7,4$ m/min[3]. Ein Vergleich der beiden Standzeitgeraden (Abb. 60) ergibt für eine Schnittgeschwindigkeit von 50 m/min folgende Standzeiten für $B = 0,2$ mm:

$s = 0,2$ mm/U : $T = 7,5$ min

$s = 0,315$ mm/U : $T = 3,5$ min

Durch Vergrößerung des Vorschubes fällt die Standzeit auf die Hälfte ab.

---

3. Wert unsicher, da stark extrapoliert

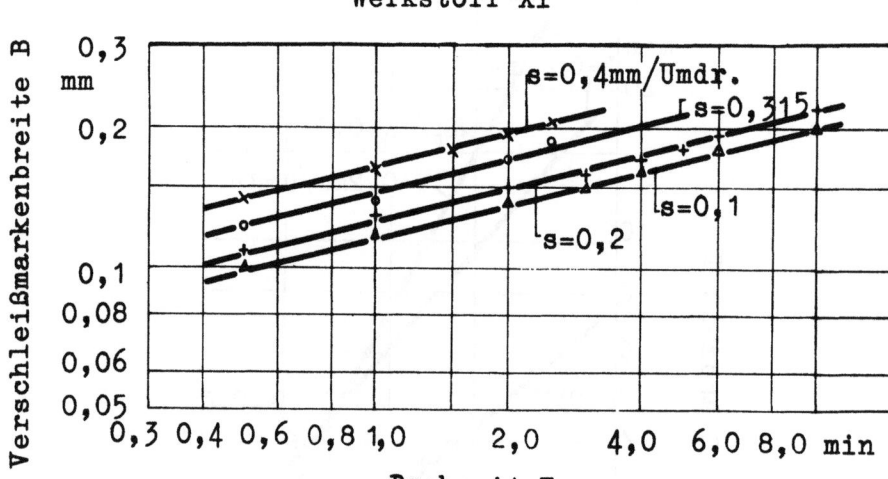

Abbildung 61

B = f (T') Vorschubabhängigkeit

Analyse: C_{ges} 0,04; Cr 16; Ni 29; Mn 0,9; Si 1,0; Ti 1,4; Al 0,6 %

1/2 h 1100°/Öl + 5 h 750°/Luft; σ_B = 63 kg/mm²

Werkzeug: Hartmetall L 1

Freiwinkel : α = 6°   Einstellwinkel : $\varkappa$ = 45°

Spanwinkel : γ = 15°   Spitzenwinkel : ε = 90°

Neigungswinkel : λ = 10°   Spitzenradius : r = 0,5 mm

Schnittbedingungen: Schnittgeschwindigkeit: v = 50 m/min

Spantiefe: a = 2 mm

Der Kolkverschleiß bleibt sehr gering. Eine Kolkstandzeitgerade wurde für K = 0,01 aufgestellt, jedoch bleibt der Verschleiß auf der Freifläche maßgebend für die Beurteilung der Standzeit.

Wie die Standzeitkurve zeigt, ist dieser Werkstoff schlecht zerspanbar und läßt sich nur bei niedrigen Schnittgeschwindigkeiten so bearbeiten, daß tragbare Standzeiten erzielt werden.

Die Vorschubabhängigkeit in Abbildung 61 zeigt wiederum einen Verschleißanstieg mit größer werdendem Vorschub.

Die Schnittkräfte fallen mit steigender Schnittgeschwindigkeit ab, zeigen in ihrem Verlauf aber kein ausgeprägtes Maximum. Für s = 0,2 mm/U und v = 25 m/min betragen die Werte für Hauptschnitt-, Abdräng- und spezifische Schnittkraft (Abb. 62):

$$P_1 = 104 \text{ kg}; \quad P_4 = 66 \text{ kg}; \quad k_s = 260 \text{ kg/mm}^2$$

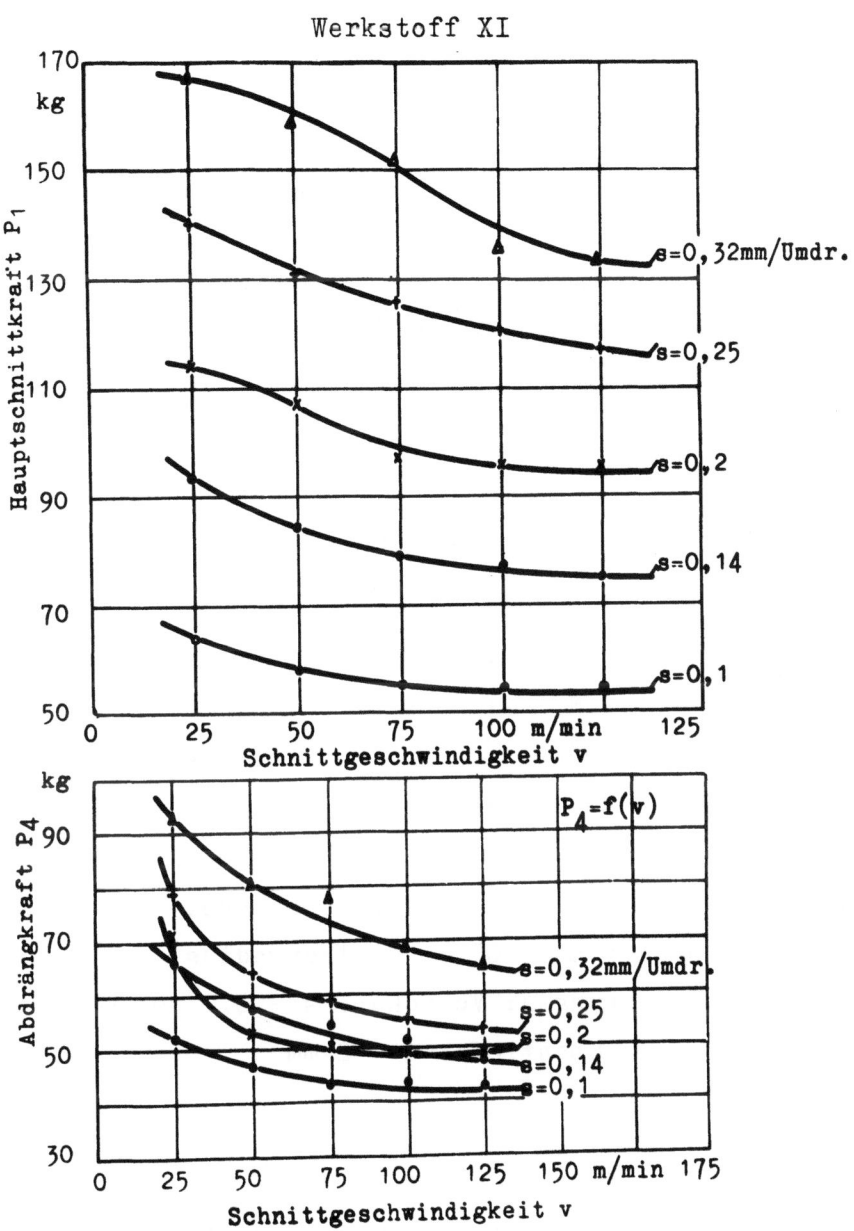

A b b i l d u n g   62

Hauptschnittkraft: $P_1 = f(v)$ für verschiedene s = const

Schnittkraftmesser: System Merchant

Werkzeug: Hartmetall L 1

Freiwinkel : $\alpha = 6°$ Einstellwinkel : $\varkappa = 45°$

Spanwinkel : $\gamma = 15°$ Spitzenwinkel : $\epsilon = 90°$

Neigungswinkel : $\lambda = 0°$ Spitzenradius : r = 0,5 mm

Schnittbedingungen: Spantiefe: a = 2 mm

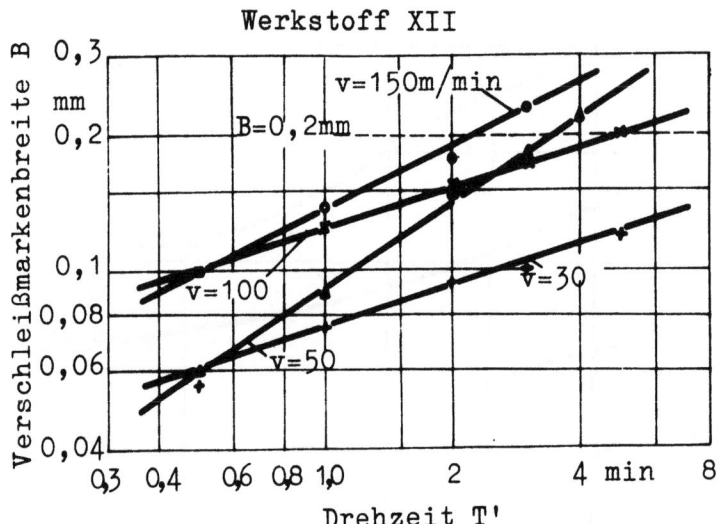

Abbildung 63

B = f (T') für verschiedene Schnittgeschwindigkeiten

Analyse: C_{ges} 0,44; Cr 14; Ni 12; Mo 2,0; Co 10; Mn 0,7; Si 1,4; TA/Nb 2,5
W 3,0 %, 1 h 1200°/Öl + 24 h 750°/Luft; σ_B = 79 kg/mm²

Werkzeug: Hartmetall L 1

Freiwinkel : α = 6°   Einstellwinkel : $\varkappa$ = 45°
Spanwinkel : γ = 15°   Spitzenwinkel : ε = 90°
Neigungswinkel : λ = 10° Spitzenradius : r = 0,5 mm

Schnittbedingungen: Vorschub: s = 0,2 mm/Umdr.

Spantiefe: a = 2 mm

Werkstoff XII

Beim Werkstoff XII zeigt sich ein ähnliches Verhalten wie beim Werkstoff VII. Das Verschleißverhalten ist bei den einzelnen Schnittgeschwindigkeiten unterschiedlich. Es ergibt sich nicht die übliche Abhängigkeit, daß mit zunehmender Schnittgeschwindigkeit der Verschleiß wächst. Je eine Verschleißgerade wurde für die Schnittgeschwindigkeiten v = 30, 50, 100 und 150 m/min und einem Spanquerschnitt von a x s = 2 x 0,2 mm²/Umdr. aufgenommen. Hierbei zeigt sich, daß diese Geraden nicht den gleichen Anstieg haben, sondern einander schneiden (Abb. 63). Eine Standzeitkurve konnte deshalb nicht ermittelt werden. So ergeben sich für B = 0,2 mm bei den einzelnen Schnittgeschwindigkeiten folgende Standzeiten (Abb.64):

v = 30 m/min : T = 25 min   v = 100 m/min : T = 5 min
v = 50 m/min : T = 3,5 min   v = 150 m/min : T = 2,2 min

Werkstoff XII

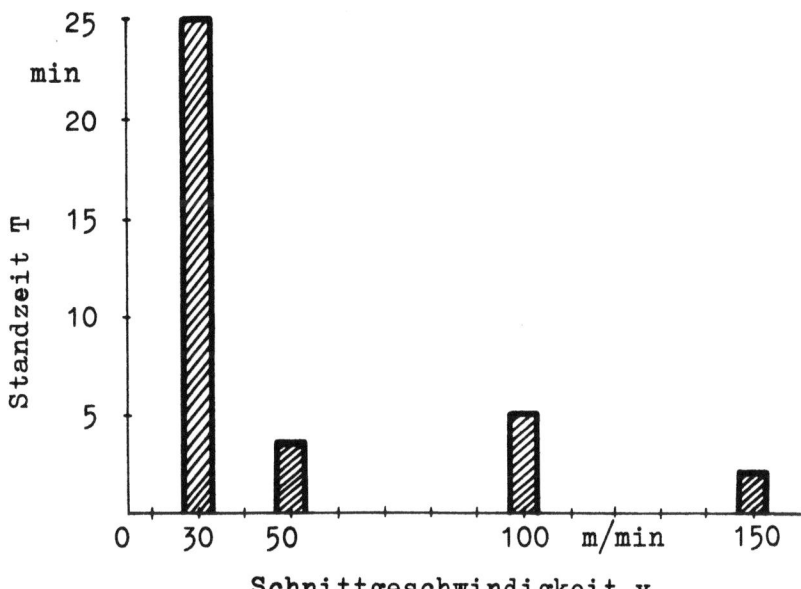

Abbildung 64

Standzeiten T für verschiedene Schnittgeschwindigkeiten,

Standzeitkriterium: B = 0,2 mm

Analyse: C_{ges} 0,44; Cr 14; Ni 12; Mo 2,0; Co 10; Mn 0,7; Si 1,4; Ta/Nb 2,5
W 3,0 %, 1 h 1200°/Öl + 24 h 750°/Luft; σ_B = 79 kg/mm²

Werkzeug: Hartmetall L 1

Freiwinkel : α = 6° Einstellwinkel : $\varkappa$ = 45°

Spanwinkel : γ = 15° Spitzenwinkel : ε = 90°

Neigungswinkel : λ = 10° Spitzenradius : r = 0,5 mm

Schnittbedingungen: Vorschub: s = 0,2 mm/Umdr.

Spantiefe: a = 2 mm

Bei v = 100 m/min ist also wieder ein erneuter Anstieg der Standzeit zu erkennen, während sie bei v = 150 m/min weiter abfällt. Diese Abhängigkeiten wurden zur Kontrolle ein zweites Mal gefahren und dabei das gleiche Ergebnis erzielt. Hieraus ergibt sich, daß der Werkstoff über den Querschnitt gleichmäßig sein muß. Auf welche Ursache dieses Standzeitverhalten zurückzuführen ist, konnte nicht geklärt werden. Unter Umständen ist die Verfestigung ein Grund, die der Werkstoff beim Zerspanungsvorgang erfährt.

Kolkverschleiß trat bei den untersuchten Schnittbedingungen nicht auf. Die Vorschubreihen (Abb. 65) zeigen eine nur sehr schwache Abhängigkeit vom Vorschub; der Vorschub s = 0,2 mm/U liegt am günstigsten.

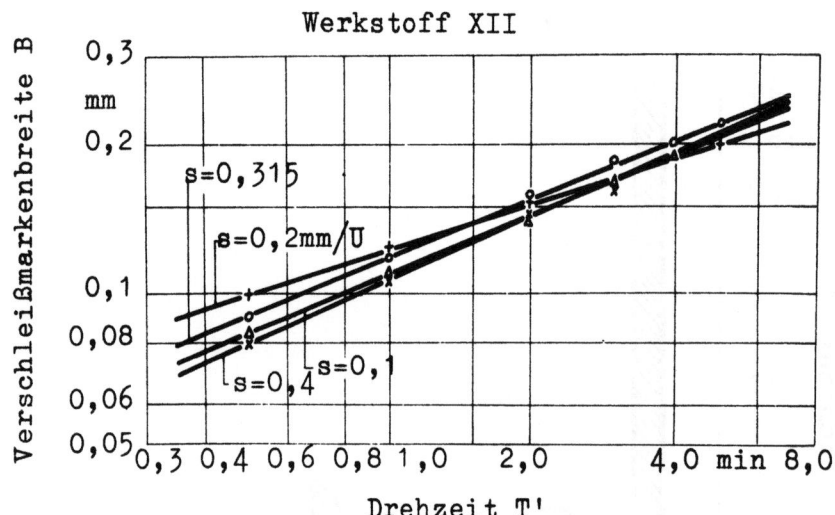

Abbildung 65

B = f (T') Vorschubabhängigkeit

Analyse: C_{ges} 0,44; Cr 14; Ni 12; Mo 2,0; Co 10; Mn 0,7; Si 1,4; Ta/Nb 2,5
W 3,0 %, 1 h 1200°/Öl + 24 h 750°/Luft; σ_B = 79 kg/mm²

Werkzeug: Hartmetall L 1

Freiwinkel	: α = 6°	Einstellwinkel	: $\varkappa$ = 45°
Spanwinkel	: γ = 15°	Spitzenwinkel	: ε = 90°
Neigungswinkel	: λ = 10°	Spitzenradius	: r = 0,5 mm

Schnittbedingungen: Schnittgeschwindigkeit: v = 100 m/min

Spantiefe: a = 2 mm

Die Schnittkräfte zeigen in Abhängigkeit von der Schnittgeschwindigkeit den üblichen Verlauf, besitzen jedoch nicht für alle Vorschübe ein ausgeprägtes Maximum. Für s = 0,2 mm/U und v = 25 m/min ergeben sich folgende Schnittkraftwerte (Abb. 66):

$$\begin{aligned}
\text{Hauptschnittkraft} \quad & P_1 = 103 \text{ kg} \\
\text{Abdrängkraft} \quad & P_4 = 61 \text{ kg} \\
\text{spezifische Schnittkraft} \quad & k_s = 257 \text{ kg/mm}^2
\end{aligned}$$

Werkstoff XIII

An diesem sehr hoch kobalt-legierten Werkstoff mit einer Zugfestigkeit von σ_B = 110 kg/mm² wurden für die Vorschübe s = 0,1; 0,2 und 0,315 mm/U Versuchsreihen mit den Schnittgeschwindigkeiten v = 30, 50 und 75 m/min durchgeführt. Durch Extrapolation der Standzeitgeraden (Abb. 67) ergeben sich folgende v_{60}-Werte:

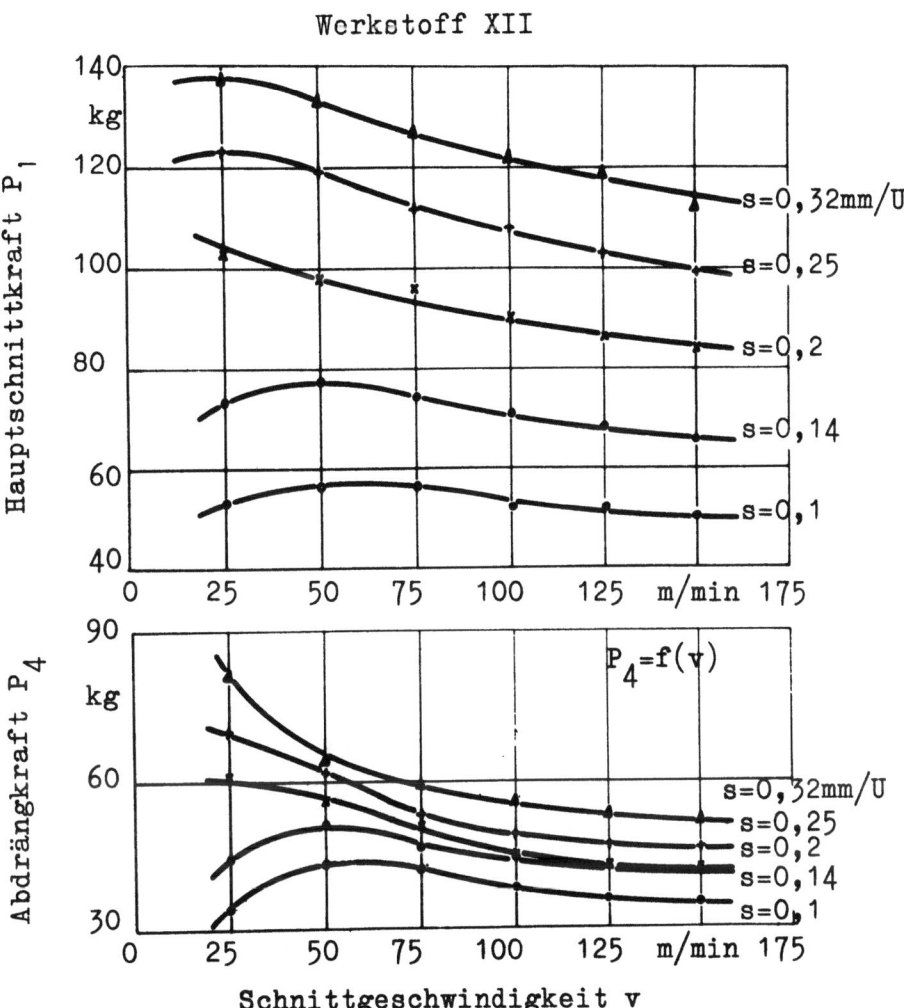

Abbildung 66

Hauptschnittkraft: $P_1 = f(v)$ für verschiedene s = const

Schnittkraftmesser: System Merchant

Werkzeug: Hartmetall L 1

Freiwinkel	: $\alpha = 6°$	Einstellwinkel	: $\varkappa = 45°$
Spanwinkel	: $\gamma = 15°$	Spitzenwinkel	: $\varepsilon = 90°$
Neigungswinkel	: $\lambda = 0°$	Spitzenradius	: $r = 0,5$ mm

Schnittbedingungen: Spantiefe: a = 2 mm

$s = 0,1$ mm/U : $v_{60} = 20$ m/min
$s = 0,2$ mm/U : $v_{60} = 17$ m/min
$s = 0,3$ mm/U : $v_{60} = 14,5$ m/min

Auch dieser Werkstoff ist schlecht zerspanbar und kann nur mit niedrigen Schnittgeschwindigkeiten wirtschaftlich bearbeitet werden.

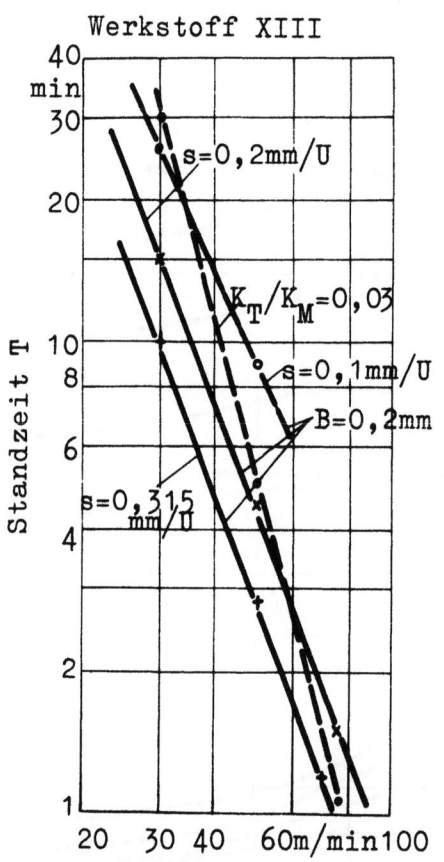

Abbildung 67

Standzeitgeraden T = f (v) für B = 0,2 mm und K_T/K_M = 0,03

Analyse: C_{ges} 0,26; Cr 20; Ni 10; Mo 2,3; Co 48; Mn 0,6; Si 1,0; V 3,0; Ta/Nb 1,5 %, 1/4 h 1200°/Öl + 24 h 750°/Luft; σ_B = 110 kg/mm²

Werkzeug: Hartmetall L 1

Freiwinkel : α = 6°   Einstellwinkel : $\varkappa$ = 45°
Spanwinkel : γ = 15°   Spitzenwinkel : ε = 90°
Neigungswinkel : λ = 10°   Spitzenradius : r = 0,5 mm

Schnittbedingungen: Spantiefe: a = 2 mm

Der Kolkverschleiß war sehr gering, so daß eine Kolkstandzeitgerade nur für ein Kriterium K = 0,03 ermittelt werden konnte. Für die Beendigung der Standzeit ist der Freiflächenverschleiß maßgebend.

Die Vorschubabhängigkeit (Abb. 68) zeigt, daß der Verschleiß auf der Freifläche mit größer werdendem Vorschub anwächst.

In Abbildung 69 sind Hauptschnittkraft P_1 und Abdrängkraft P_4 in Abhängigkeit von Schnittgeschwindigkeit und Vorschub dargestellt. Die Schnittkräfte wurden für drei bis vier Schnittgeschwindigkeiten gemessen und

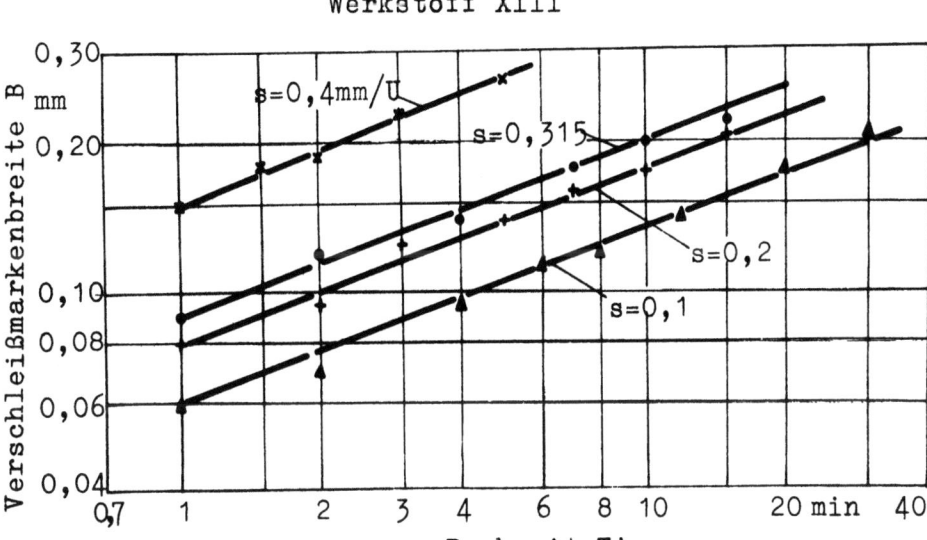

Abbildung 68

B = f (T') Vorschubabhängigkeit

Analyse: C_{ges} 0,26; Cr 20; Ni 10; Mo 2,3; Co 48; Mn 0,6; Si 1,0; V 3,0; Ta/Nb 1,5 %, 1/4 h 1200°/Öl + 24 h 750°/Luft; σ_B = 110 kg/mm²

Werkzeug: Hartmetall L 1

Freiwinkel : α = 6°   Einstellwinkel : $\varkappa$ = 45°
Spanwinkel : γ = 15°   Spitzenwinkel : ε = 90°
Neigungswinkel : λ = 10°   Spitzenradius : r = 0,5 mm

Schnittbedingungen: Schnittgeschwindigkeit: v = 30 m/min

Spantiefe: a = 2 mm

ergaben höhere Werte als bei den anderen untersuchten Werkstoffen. Für s = 0,2 mm/U und v = 25 m/min betragen

$$P_1 = 126 \text{ kg}; \quad P_4 = 83 \text{ kg}; \quad k_s = 315 \text{ kg/mm}^2$$

Vermutlich ist dies auf den hohen Kobaltgehalt zurückzuführen.

5. Vergleich der Versuchsergebnisse für die untersuchten Werkstoffe

Nach der Darstellung der Versuchsergebnisse für jeden einzelnen Werkstoff soll im folgenden ein Vergleich der Ergebnisse für die im Laboratorium für Werkzeugmaschinen und Betriebslehre untersuchten Werkstoffe angestellt werden.

Werkstoff XIII

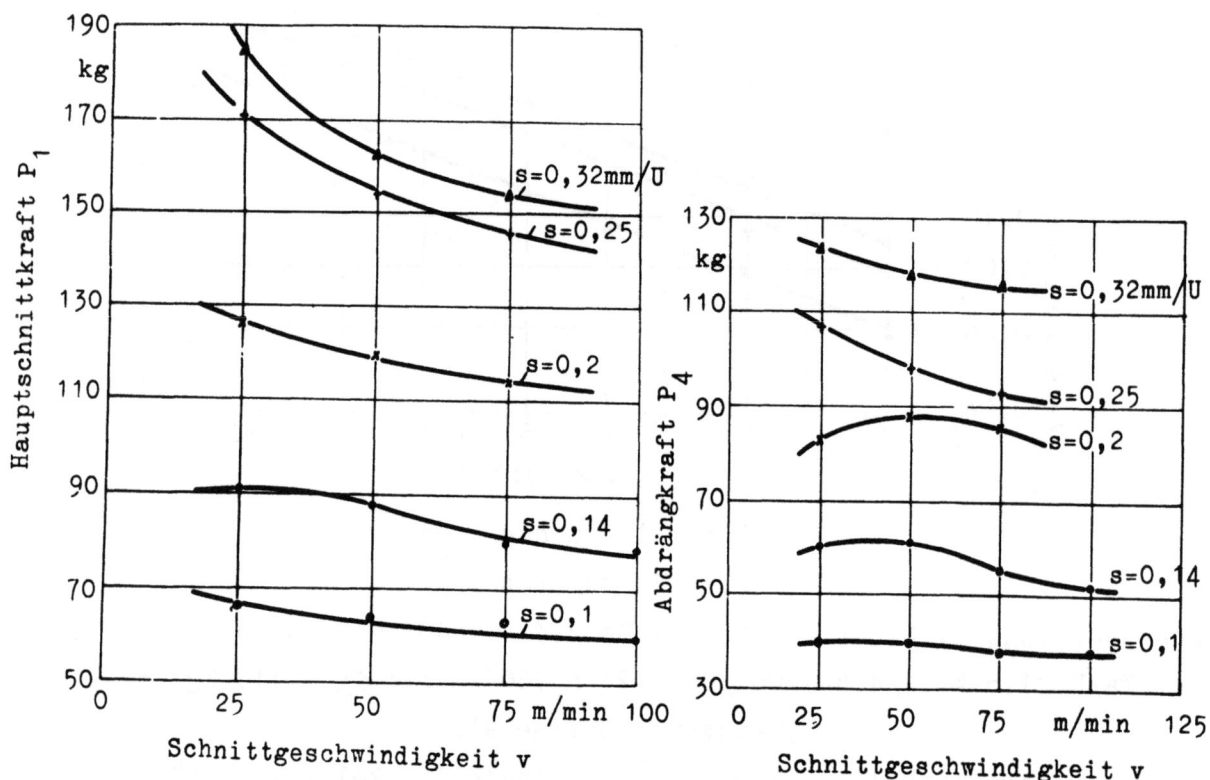

Abbildung 69

Hauptschnittkraft $P_1 = f(v)$ Abdrängkraft $P_4 = f(v)$
für verschiedene s = const   für verschiedene s = const

Schnittkraftmesser: System Merchant

Werkzeug: Hartmetall L 1

Freiwinkel : $\alpha = 6°$ Einstellwinkel : $\varkappa = 45°$
Spanwinkel : $\gamma = 15°$ Spitzenwinkel : $\varepsilon = 90°$
Neigungswinkel : $\lambda = 0°$ Spitzenradius : r = 0,5 mm

Schnittbedingungen: Spantiefe: a = 2 mm

a) Vergleich der Standzeit-Schnittgeschwindigkeitsabhängigkeit für den Verschleiß auf der Freifläche

In Abbildung 70 sind die Standzeitgeraden für das Kriterium B = 0,2 mm für alle Werkstoffe mit Ausnahme der Werkstoffe VII und XII dargestellt. Wie die Abbildung erkennen läßt, ist die Steigung der Standzeitkurven stark unterschiedlich. So weisen besonders die Kurven für die Werkstoffe V, X und XI eine sehr geringe Steigung auf, was auf einen starken Verschleißangriff dieser Werkstoffe hinweist.

Forschungsberichte des Wirtschafts- und Verkehrsministeriums Nordrhein-Westfalen

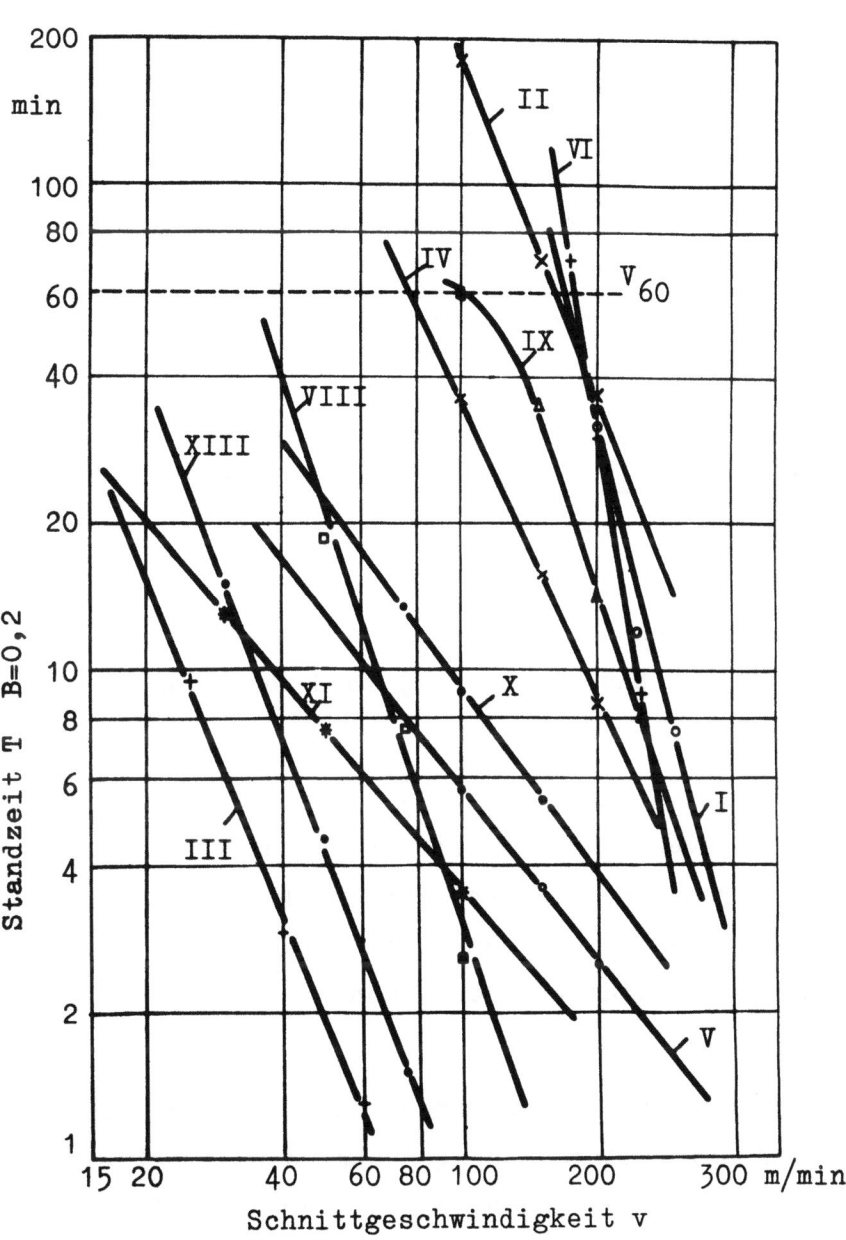

A b b i l d u n g   70

Vergleich der Standzeitgeraden

Werkzeug: Hartmetall L 1

Freiwinkel	: α = 6°	Einstellwinkel	: $\varkappa$ = 45°
Spanwinkel	: γ = 15°	Spitzenwinkel	: ϵ = 90°
Neigungswinkel	: λ = 10°	Spitzenradius	: r = 0,5 mm

Schnittbedingungen: Vorschub: s = 0,2 mm/Umdr.

Spantiefe: a = 2 mm

Außerdem ist zu ersehen, daß die anwendbaren Schnittgeschwindigkeiten für die verschiedenen Werkstoffe erheblich von einander abweichen. Während für eine Werkstoffgruppe (Werkstoffe I, II, IV, VI und IX) Schnittgeschwindigkeiten von 100 m/min und höher durchaus zweckmäßig erscheinen, ergeben sich für die übrigen Werkstoffe (III, V, VIII, X, XI und XIII) in diesem Schnittgeschwindigkeitsbereich nur Standzeiten zwischen 1 und 10 Minuten, die für die Fertigung unwirtschaftlich sind. Diese Werkstoffe können nur bei sehr niedrigen Schnittgeschwindigkeiten bearbeitet werden.

Dabei ergibt sich weder eine Rangfolge nach der Analyse noch nach der Festigkeit. Zwar weisen die besser zerspanbaren Werkstoffe alle eine niedrige Festigkeit (60 - 65 kg/mm^2) auf, und die Werkstoffe mit hoher Festigkeit sind ausnahmslos schwerer zerspanbar; jedoch befinden sich unter den schlecht zerspanbaren Werkstoffen auch die Werkstoffe V und XI, die in ihrer Festigkeit (62 bzw. 63 kg/mm^2) im Bereich der gut zerspanbaren Werkstoffe liegen.

Zu dem gleichen Ergebnis führten auch die umfangreichen an Baustahl durchgeführten Zerspanungsversuche der letzten Jahre. Die Zerspanbarkeit eines Werkstoffes wird durch eine Vielzahl von Einflußgrößen bestimmt. Bis heute ist es nicht gelungen, sämtliche Einflußgrößen von einander zu trennen und ihre Bedeutung quantitativ zu erfassen.

Durch die Erforschung der Verschleißursachen, wie sie in den letzten Jahren in verstärktem Maße betrieben wurde, scheint sich eine Möglichkeit abzuzeichnen, allgemeingültige Aussagen über den Verschleißvorgang machen zu können. Sollte es gelingen, den Einfluß der verschiedenen Werkstoffe, der verschiedenen Legierungen und der verschiedenen Legierungselemente auf die Veränderung des Werkzeuges in ähnlicher Weise zu klären, wie dies für die Veränderungen des Werkzeugstoffes während des Schnittvorganges der Fall war, so wären damit allgemeingültige Aussagen über den Einfluß der Werkstoffeigenschaften auf den Verschleißablauf möglich.

b) Vorschubabhängigkeit $T = f(s)$

Die Vorschubabhängigkeit wurde bei den einzelnen Werkstoffen bei einer für den jeweiligen Werkstoff geeigneten Schnittgeschwindigkeit durchgeführt.

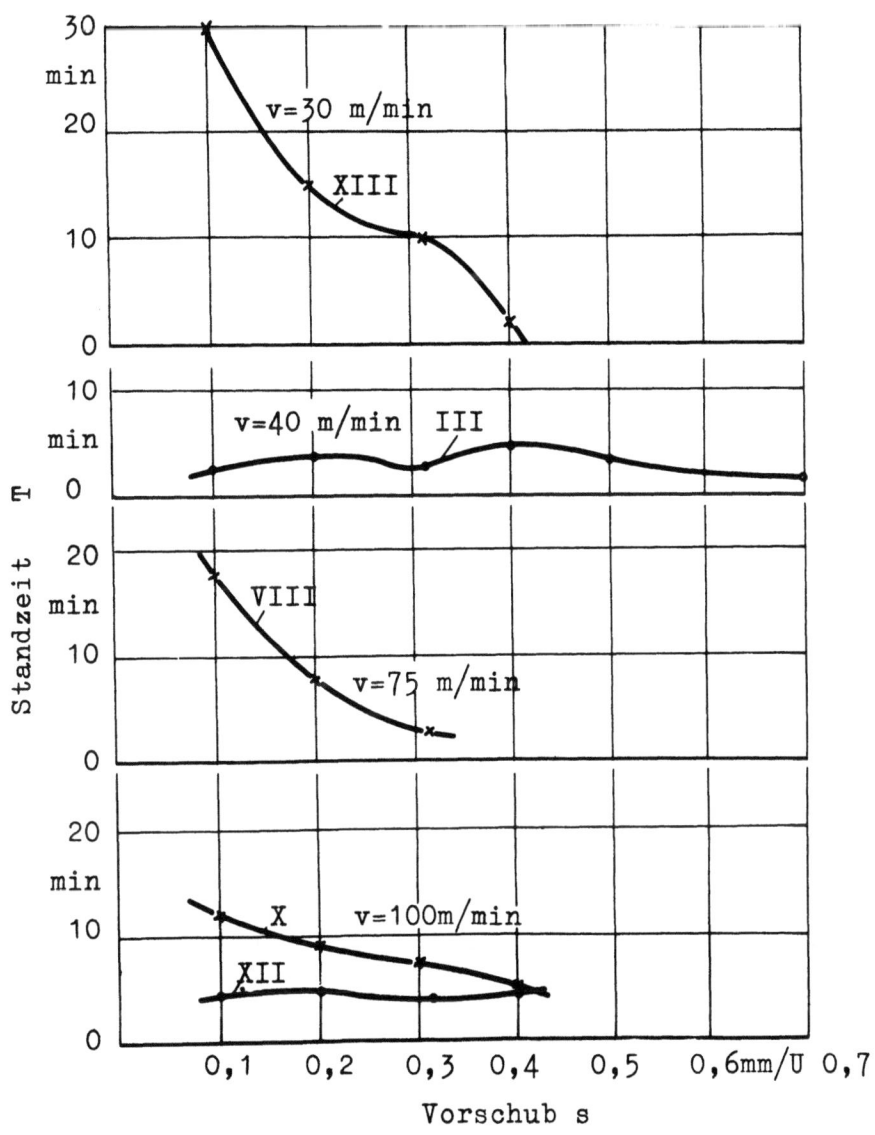

Abbildung 71

Vorschubabhängigkeit $T_{B\ 0,2}=f(s)$ für verschiedene Werkstoffe bei unterschiedlichen Schnittgeschwindigkeiten

Werkzeug: Hartmetall L 1

Freiwinkel : $\alpha = 6°$ Einstellwinkel : $\varkappa = 45°$
Spanwinkel : $\gamma = 15°$ Spitzenwinkel : $\varepsilon = 90°$
Neigungswinkel : $\lambda = 10°$ Spitzenradius : $r = 0,5$ mm

Schnittbedingungen: Spantiefe: $a = 2$ mm

In den Abbildungen 71 und 72 sind die Standzeiten $T_{B\ 0,2}$ in Abhängigkeit vom Vorschub für die einzelnen Werkstoffe und entsprechenden Schnittgeschwindigkeiten aufgetragen. Für einen Teil der Werkstoffe nimmt im untersuchten Vorschubbereich die Standzeit mit größer werdendem Vorschub ab. Dies trifft jedoch nicht für die Werkstoffe III, V und XII zu.

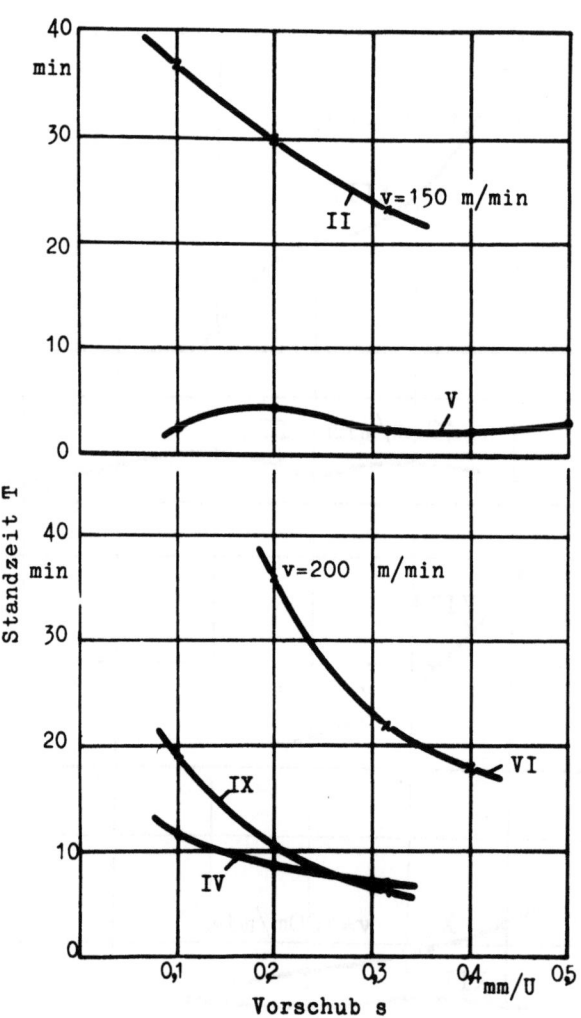

Abbildung 72

Vorschubabhängigkeit $T_{B\ 0,2}=f(s)$ für verschiedene Werkstoffe bei unterschiedlichen Schnittgeschwindigkeiten

Werkzeug: Hartmetall L 1

Freiwinkel : $\alpha = 6°$ Einstellwinkel : $\varkappa = 45°$
Spanwinkel : $\gamma = 15°$ Spitzenwinkel : $\varepsilon = 90°$
Neigungswinkel : $\lambda = 0°$ Spitzenradius : $r = 0,5$ mm

Schnittbedingungen: Spantiefe: $a = 2$ mm

Für diese Werkstoffe ergibt sich nur eine schwache Vorschubabhängigkeit bzw. die Ausbildung eines Maximums. Bei Werkstoff III liegt dieses Maximum bei einem Vorschub von $s = 0,4$ mm/U und bleibt für alle Schnittgeschwindigkeiten konstant (vgl. Abb. 34).

Eine eindeutige Vorschubabhängigkeit, die für alle untersuchten Werkstoffe Gültigkeit besitzt, ist nicht vorhanden. Versuche an Baustählen führten zu dem gleichen Ergebnis.

c) Hauptschnittkraft, Zug- und Zerspanfestigkeit

Bei den Schnittkraftmessungen wurden außer den Werten für Hauptschnittkraft P_1 und Abdrängkraft P_4 in Abhängigkeit von Schnittgeschwindigkeit und Vorschub die Spanstauchung λ ermittelt. Die Abhängigkeit der Spanstauchung λ von Schnittgeschwindigkeit und Vorschub sind in diesem Bericht nicht einzeln aufgeführt. Der Verlauf der Kurven entspricht der Tendenz bei Baustählen. Die Spanstauchung nimmt mit steigender Schnittgeschwindigkeit und größer werdendem Vorschub ab.

Aus Schnittkraft und Spanstauchung wurde nach der Schnittkraftformel von HUCKS (6, 7)

$$P_1 = \tau_0 \cdot b \cdot h \cdot K_\lambda$$

die Zerspanfestigkeit τ_0 errechnet.

In Abbildung 73 sind für alle untersuchten Werkstoffe die Hauptschnittkraft P_1, die Zugfestigkeit σ_B und die Zerspanfestigkeit τ_0 in Blockform dargestellt.

Aus dieser Darstellung ist folgendes zu entnehmen:

1) Die Schnittkraftwerte liegen zwischen 75 und 120 kg. Gegenüber unlegierten und legierten Baustählen, bei denen die Schnittkräfte praktisch gleich sind, ergeben sich für die warmfesten Werkstoffe stärkere Unterschiede. Die Schnittkraftwerte liegen gegenüber den Baustählen niedriger. Dies ist u.U. jedoch auf den stark positiven Spanwinkel von $\gamma = 15°$ zurückzuführen. Für Baustähle liegen Schnittkraftwerte nur für 5° bzw. 6° Spanwinkel vor. Es ist bekannt, daß die Schnittkraft mit größer werdendem Spanwinkel abnimmt. Dabei besteht kein Zusammenhang zwischen der Schnittkraft und der Zugfestigkeit.

2) Die Zugfestigkeit σ_B und die Zerspanfestigkeit τ_0 unterscheiden sich um rund 30 %. Dieses Verhalten weicht von dem der üblichen Baustähle ab.

Alle Zerspanbarkeitskenngrößen für die untersuchten Werkstoffe sind in Tabelle 2 zusammengestellt.

Forschungsberichte des Wirtschafts- und Verkehrsministeriums Nordrhein-Westfalen

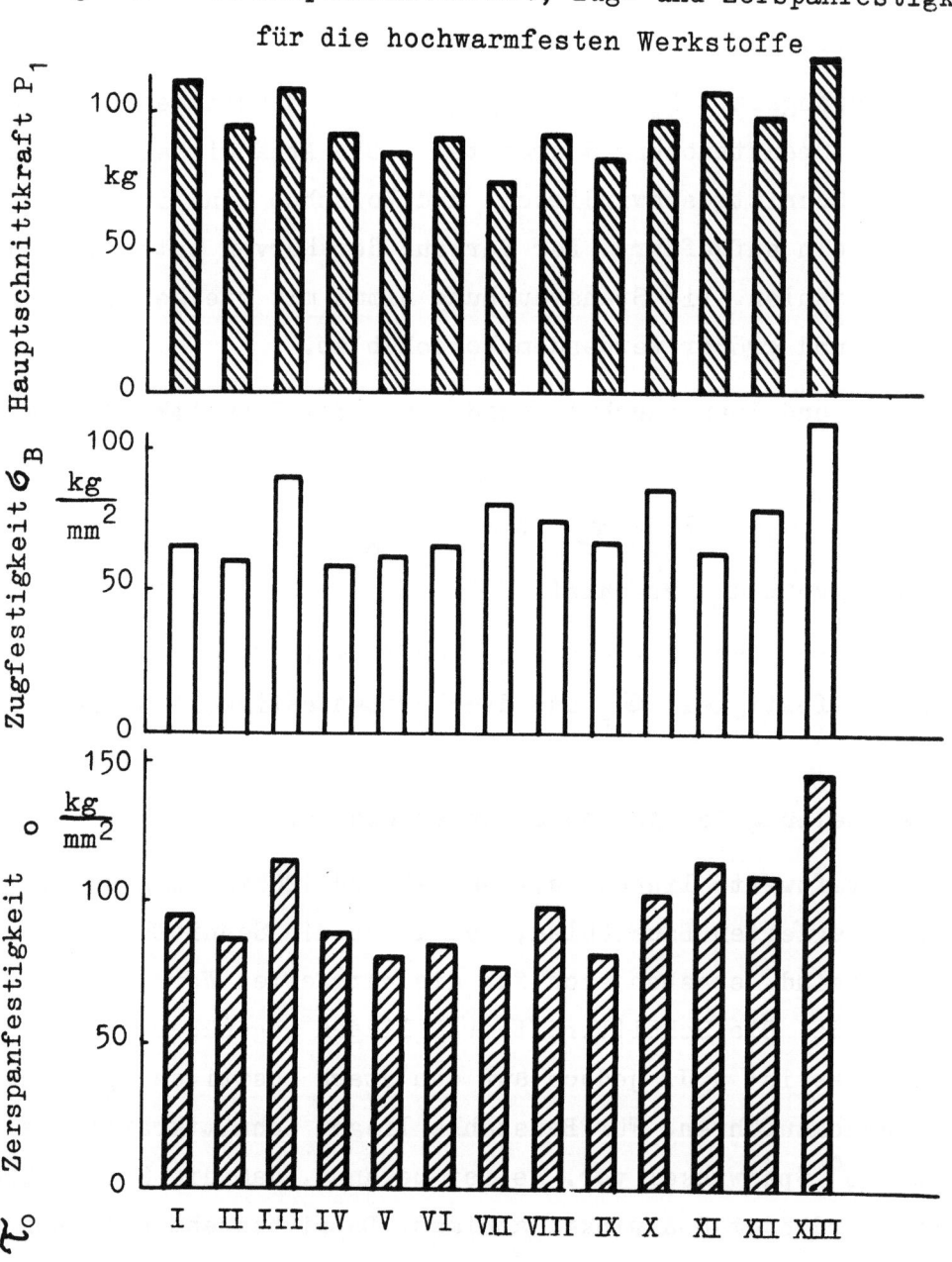

Abbildung 73

Vergleich von Hauptschnittkraft, Zug- und Zerspanfestigkeit
für die hochwarmfesten Werkstoffe

Schnittkraftmesser: System Merchant

Werkzeug: Hartmetall L 1

Freiwinkel : $\alpha = 6°$ Einstellwinkel : $\varkappa = 45°$
Spanwinkel : $\gamma = 15°$ Spitzenwinkel : $\varepsilon = 90°$
Neigungswinkel : $\lambda = 0°$ Spitzenradius : $r = 0,5$ mm
Schnittbedingungen: Schnittgeschwindigkeit: $v = 50$ m/min
Vorschub: $s = 0,2$ mm/U; Spantiefe: $a = 2$ mm

Forschungsberichte des Wirtschafts- und Verkehrsministeriums Nordrhein-Westfalen

Tabelle 2

Zerspanbarkeitsuntersuchungen (Drehen) an hochwarmfesten Werkstoffen
Zusammenstellung aller Zerspanbarkeits-Kenngrößen

Werkzeug: Hartmetall L 1
Schnittkraftmesser: System Merchant
Schnittbedingungen: Vorschub: $s=0,2$ mm/U
Spantiefe: $a=2$ mm

$\alpha = 6°$; $\gamma = 15°$; $\lambda = 10°/0°$;
$\varkappa = 45°$; $\varepsilon = 90°$; $r = 0,5$ mm
+) stark extrapoliert; Wert nicht gesichert

Werkstoff	Stundenschnittgeschwindigkeit v_{60} [m/min] $B=0,20$ mm	$K=K_T/K_M$		Standzeit T [min] $v=100$ m/min $B=0,2$ mm	Vorschub s_{opt} [mm/U]	für v m/min	Spanstauchung λ $v=50$ m/min	$v=100$	Schnittkräfte $v=50$ m/min P_1 [kg]	P_4	k_s [kg/mm^2]	τ_o kg/mm^2	σ_B kg/mm^2	H_B kg/mm^2
I	170	220	0,2	450 +)	-	-	2,90	2,48	110	57	275	95,5	65	165
II	160	190	0,2	180	0,1	150	2,45	2,45	94,5	56	236	86,0	60	170
III	11 +)	23	0,2	0,36	0,4	25/40/60	2,20	-	108	52	270	115	90	350
IV	77	110	0,03	35	0,1	200	2,47	2,76	92	55	230	99,0	59	145
V	14 +)	55	0,03	5,8	0,2	150	2,37	2,15	85	57,5	213	81,0	62	170
VI	178	-	-	1300 +)	0,2	200	2,25	2,40	91,5	59	229	84,5	65	185
VII	-	-	-	9,5	-	-	2,90	2,35	74,5	45	186	77,5	81	250
VIII	35	-	-	3	0,1	75	2,60	2,30	92	52	230	98,0	75	225
IX	125 +)	-	-	60	0,1	200	2,20	2,20	83,5	50,5	209	81,5	67	180
X	23	-	-	9	0,1	100	2,10	1,90	97	66	243	103	86	255
XI	7,4 +)	18,6	0,01	3,5	0,1	50	2,20	1,70	107	53	268	114,5	63	190
XII	-	12,5	0,03	5	0,2	100	1,78	1,77	98	56	245	109,5	79	230
XIII	17	25	0,03	0,76	0,1	30	1,76	1,75	119	88	298	146	110	300

Forschungsberichte des Wirtschafts- und Verkehrsministeriums Nordrhein-Westfalen

Alle Werte beziehen sich auf folgende Versuchsbedingungen:

Werkzeug: Hartmetall L 1

    Freiwinkel: $\alpha = 6°$ Einstellwinkel: $\varkappa = 45°$

    Spanwinkel: $\gamma = 15°$ Spitzenwinkel: $\varepsilon = 90°$

    Neigungswinkel: $\lambda = 10°$ Spitzenradius: $r = 0,5$ mm

Schnittbedingungen: Vorschub: $s = 0,2$ mm/Umdr.

    Spantiefe: $a = 2$ mm

Für die Schnittkraftmessungen, die mit einem Schnittkraftmesser System Merchant durchgeführt wurden, wurde ein Neigungswinkel von $\lambda = 0°$ angeschliffen. Dieser Neigungswinkel ist durch die Konstruktion des Schnittkraftmessers bedingt.

In der Tabelle sind zunächst die Stundenschnittgeschwindigkeiten v_{60} für die Kriterien $B = 0,2$ mm und verschiedene $K_T/K_M = K =$ const. zusammengestellt. Dabei wurden die Standzeitkurven zum Teil sehr weit geradlinig extrapoliert. Da der geradlinige Verlauf der Standzeitkurve in diesen Schnittgeschwindigkeitsbereichen nicht gewährleistet ist, können u.U. Abweichungen von den angegebenen v_{60}-Werten auftreten. Alle v_{60}-Werte, die nicht versuchsmäßig belegt sind, wurden besonders gekennzeichnet.

Weiterhin ist die Standzeit, die sich bei einer Schnittgeschwindigkeit $v = 100$ m/min bis zum Erreichen von $B = 0,2$ mm ergibt, eingetragen. Die Standzeitwerte sind stark unterschiedlich. Dabei sind die beiden Werkstoffgruppen, die bereits auf Seite 76 beschrieben wurden, auch hier deutlich zu erkennen. Die angegebenen Standzeitwerte für die Werkstoffe I und VI sind wiederum stark extrapoliert, so daß die Werte nicht gesichert sind.

Aus den Diagrammen für die Vorschubabhängigkeit (Abb. 71 und 72) wurde der für den untersuchten Vorschubbereich standzeitgünstigste Vorschub entnommen. Die Schnittgeschwindigkeit, bei der diese Abhängigkeit ermittelt wurde, ist nicht angegeben.

Die Spanstauchung λ liegt für die beiden Schnittgeschwindigkeiten $v = 50$ und 100 m/min zwischen $1,8$ und $2,9$.

Für eine Schnittgeschwindigkeit von $v = 50$ m/min wurden die Werte für Hauptschnitt- und Abdrängkraft aus den Schnittkraftkurven entnommen. Das Verhältnis von Hauptschnittkraft zu Abdrängkraft ist für die verschiedenen Werkstoffe unterschiedlich.

Aus der Hauptschnittkraft wurde für die angegebene Versuchsbedingung die spezifische Schnittkraft bestimmt. Sie schwankt zwischen 185 und 300 kg/mm^2. Mit wachsendem Vorschub fällt die spezifische Schnittkraft bei allen Werkstoffen ab.

Als Festigkeitswerte sind die Zerspanfestigkeit τ_o, die Zugfestigkeit σ_B und die Brinellhärte H_B angegeben.

6. Zusammenfassung

Für die untersuchten hochwarmfesten austenitischen Werkstoffe wurde ein schwingungssteifer Drehmeißel konstruiert. Durch seine besondere Form und die gewählte Schneidengeometrie wurde eine wirtschaftliche Bearbeitung dieser leicht zum Rattern neigenden Werkstoffe möglich.

Für fast alle untersuchten Werkstoffe konnten Standzeitkurven aufgestellt werden. Die Werkstoffe VII und XII zeigten für die untersuchten Schnittgeschwindigkeiten ein stark unterschiedliches Verschleißverhalten. Die Standzeit-Schnittgeschwindigkeitsabhängigkeit wich von den üblichen Gesetzmäßigkeiten ab. Die Ursachen hierfür konnten nicht ermittelt werden. Außer für die Werkstoffe I bis III ist der Freiflächenverschleiß allein für die Beurteilung des Standzeitverhaltens maßgebend. Bei den Werkstoffen I bis III trat teilweise stärkerer Kolkverschleiß auf, der in bestimmten Schnittgeschwindigkeitsbereichen die Standzeit des Werkzeuges beendete.

In gesonderten Versuchen wurden die standzeitgünstigsten Vorschübe ermittelt, sowie Schnittkraft und Spanstauchung bestimmt.

Die Versuche zeigten, daß bei Wahl eines geeigneten Werkzeuges und einer geeigneten Schneidengeometrie ein Teil dieser Werkstoffe mit gleichen Schnittgeschwindigkeiten wirtschaftlich bearbeitet werden kann, wie sie für die Baustähle üblich sind. Für die zweite Werkstoffgruppe sind Schnittgeschwindigkeiten zwischen 20 und 50 m/min zweckmäßig.

Aus den vorliegenden Standzeitkurven und Zahlentafeln lassen sich für jeden Werkstoff die zweckmäßigsten Schnittbedingungen entnehmen. Ähnliche Richtwerte für das Bohren und Gewindeschneiden enthält Teil II dieses Berichtes.

Prof. Dr.-Ing. H. OPITZ, Aachen
Dr.-Ing. H. AXER, Aachen
Dipl.-Ing. H. ROHDE, Aachen

IV. Literaturverzeichnis

(1) AXER — Über die Ursachen des Werkzeugverschleißes an Hartmetall-Drehwerkzeugen. Dissertation, T.H., Aachen 1956

(2) BANDEL und BUNGARDT — Hochwarmfeste hitzebeständige Stähle und Legierungen. Werkstoff-Handbuch Stahl und Eisen, 3. Aufl. 1953, S. 093 - 1

(3) BOLLENRATH — Zur Entwicklung warmfester Werkstoffe. Veröffentlichungen der Arbeitsgemeinschaft für Forschung des Landes Nordrhein-Westf., Heft 9, Westdeutscher Verlag, Köln/Opladen

(4) BUNGARDT und SYCHROVSKY — Zusammenhang zwischen Gefüge und Standzeitverhalten austenitischer Chrom-Molybdän-Nickel-Stähle. Stahl und Eisen, Heft 1, 1956

(5) BUNGARDT — Entwicklung hochwarmfester Werkstoffe, Stahl und Eisen, Heft 21, 1955

(6) OPITZ und HUCKS — Der Zerspanungsvorgang als Problem der Mohr'schen Gleitflächentheorie für den zwei- und dreiachsigen Spannungszustand. Werkstattstechnik und Maschinenbau, Heft 6, 1953 S. 253

(7) OPITZ und HUCKS — Zerspanungskräfte und Werkstoffmechanik. Fortschrittliche Fertigung und moderne Werkzeugmaschinen. Vorträge und Diskussionen zum 7. Aachener Werkzeugmaschinen-Kolloquium 1954, Verlag W. Girardet, Essen 1954 S. 73

(8) OPITZ und WEBER — Einfluß von Werkstoff- und Zerspanungsbedingungen auf Span- und Freiflächenverschleiß. Aufwand, Leistung und Wirtschaftlichkeit neuzeitlicher Werkzeugmaschinen. Vorträge und Diskussionen zum 6. Aachener Werkzeugmaschinen-Kolloquium 1953, Verlag W. Girardet, Essen 1953, S. 14

(9) OPITZ und WEBER — Beitrag zur Analyse des Standzeitverhaltens. Fortschrittliche Fertigung und moderne Werkzeugmaschinen. Vorträge und Diskussionen zum 7. Aachener Werkzeugmaschinen-Kolloquium 1954, Verlag W. Girardet, Essen 1954, S. 80

(10) RAPATZ — Die Edelstähle. Springer-Verlag, Berlin-Wien-Göttingen 1951

Forschungsberichte des Wirtschafts- und Verkehrsministeriums Nordrhein-Westfalen

(11) CRAND, de   Report Machinability Data for High-Tempera-
                        ture Alloys. American Machinist, 25. Dez.
                        1950, Seite 99

(12) WEBER   Die Beziehungen zwischen Spanentstehung,
                        Verschleißformen und Zerspanbarkeit beim
                        Drehen von Stahl. Dissertation, T.H.
                        Aachen 1954

(13) OPITZ und   Einfluß der Wärmebehandlung von Baustählen
     WEBER   auf Spanentstehung, Schnittkraft und Stand-
                        zeitverhalten. Forschungsbericht Nr. 215
                        des Wirtschafts- und Verkehrsministeriums
                        Nordrhein-Westfalen

FORSCHUNGSBERICHTE DES WIRTSCHAFTS- UND VERKEHRSMINISTERIUMS NORDRHEIN-WESTFALEN

Herausgegeben von Staatssekretär Prof. Dr. h. c. Leo Brandt

HEFT 1
Prof. Dr.-Ing. E. Flegler, Aachen
Untersuchungen oxydischer Ferromagnet-Werkstoffe
1952, 20 Seiten, DM 6,75

HEFT 2
Prof. Dr. W. Fuchs, Aachen
Untersuchungen über absatzfreie Teeröle
1952, 32 Seiten, 5 Abb., 6 Tabellen, DM 10,—

HEFT 3
Techn.-Wissenschaftl. Büro für die Bastfaserindustrie, Bielefeld
Untersuchungsarbeiten zur Verbesserung des Leinenwebstuhls
1952, 44 Seiten, 7 Abb., 3 Tabellen, DM 12,50

HEFT 4
Prof. Dr. E. A. Müller und Dipl.-Ing. H. Spitzer, Dortmund
Untersuchungen über die Hitzebelastung in Hüttenbetrieben
1952, 28 Seiten, 5 Abb., 1 Tabelle, DM 9,—

HEFT 5
Dipl.-Ing. W. Fister, Aachen
Prüfstand der Turbinenuntersuchungen
1952, 40 Seiten, 30 Abb., 3 Schaltbilder, DM 1,—

HEFT 6
Prof. Dr. W. Fuchs, Aachen
Untersuchungen über die Zusammensetzung und Verwendbarkeit von Schwelteerfraktionen
1952, 36 Seiten, 10,50

HEFT 7
Prof. Dr. W. Fuchs, Aachen
Untersuchungen über emsländisches Petrolatum
1952, 36 Seiten, 1 Abb., 17 Tabellen, DM 10,50

HEFT 8
M. E. Meffert und H. Stratmann, Essen
Algen-Großkulturen im Sommer 1951
1953, 52 Seiten, 4 Abb., 20 Tabellen, DM 9,75

HEFT 9
Techn.-Wissenschaftl. Büro für die Bastfaserindustrie, Bielefeld
Untersuchungen über die zweckmäßige Wicklungsart von Leinengarnkreuzspulen unter Berücksichtigung der Anwendung hoher Geschwindigkeiten des Garnes
Vorversuche für Zetteln und Schären von Leinengarnen auf Hochleistungsmaschinen
1952, 48 Seiten, 7 Abb., 7 Tabellen, DM 9,25

HEFT 10
Prof. Dr. W. Vogel, Köln
„Das Streifenpaar" als neues System zur mechanischen Vergrößerung kleiner Verschiebungen und seine technischen Anwendungsmöglichkeiten
1953, 20 Seiten, 6 Abb., DM 4,50

HEFT 11
Laboratorium für Werkzeugmaschinen und Betriebslehre, Technische Hochschule Aachen
1. Untersuchungen über Metallbearbeitung im Fräsvorgang mit Hartmetallwerkzeugen und negativem Spanwinkel
2. Weiterentwicklung des Schleifverfahrens für die Herstellung von Präzisionswerkstücken unter Vermeidung hoher Temperaturen
3. Untersuchung von Oberflächenveredlungsverfahren zur Steigerung der Belastbarkeit hochbeanspruchter Bauteile
1953, 80 Seiten, 61 Abb., DM 15,75

HEFT 12
Elektrowärme-Institut, Langenberg (Rhld.)
Induktive Erwärmung mit Netzfrequenz
1952, 22 Seiten, 6 Abb., DM 5,20

HEFT 13
Techn.-Wissenschaftl. Büro für die Bastfaserindustrie, Bielefeld
Das Naßspinnen von Bastfasergarnen mit chemischen Zusätzen zum Spinnbad
1953, 52 Seiten, 4 Abb., 19 Tabellen, DM 10,—

HEFT 14
Forschungsstelle für Acetylen, Dortmund
Untersuchungen über Aceton als Lösungsmittel für Acetylen
1952, 64 Seiten, 10 Abb., 26 Tabellen, DM 12,25

HEFT 15
Wäschereiforschung Krefeld
Trocknen von Wäschestoffen
1953, 48 Seiten, 14 Abb., 2 Tabellen, DM 9,—

HEFT 16
Max-Planck-Institut für Kohlenforschung, Mülheim a. d. Ruhr
Arbeiten des MPI für Kohlenforschung
1953, 104 Seiten, 9 Abb., DM 17,80

HEFT 17
Ingenieurbüro Herbert Stein, M.-Gladbach
Untersuchung der Verzugsvorgänge in den Streckwerken verschiedener Spinnereimaschinen. 1. Bericht: Vergleichende Prüfung mit verschiedenen Dickenmeßgeräten
1952, 36 Seiten, 15 Abb., DM 8,—

HEFT 18
Wäschereiforschung Krefeld
Grundlagen zur Erfassung der chemischen Schädigung beim Waschen
1953, 68 Seiten, 15 Abb., 15 Tabellen, DM 12,75

HEFT 19
Techn.-Wissenschaftl. Büro für die Bastfaserindustrie, Bielefeld
Die Auswirkung des Schlichtens von Leinengarnketten auf den Verarbeitungswirkungsgrad, sowie die Festigkeit und Dehnungsverhältnisse der Garne und Gewebe
1953, 48 Seiten, 1 Abb., 9 Tabellen, DM 9,—

HEFT 20
Techn.-Wissenschaftl. Büro für die Bastfaserindustrie, Bielefeld
Trocknung von Leinengarnen I
Vorgang und Einwirkung auf die Garnqualität
1953, 62 Seiten, 18 Abb., 5 Tabellen, DM 12,—

HEFT 21
Techn.-Wissenschaftl. Büro für die Bastfaserindustrie, Bielefeld
Trocknung von Leinengarnen II
Spulenanordnung und Luftführung beim Trocknen von Kreuzspulen
1953, 66 Seiten, 22 Abb., 9 Tabellen, DM 13,—

HEFT 22
Techn.-Wissenschaftl. Büro für die Bastfaserindustrie, Bielefeld
Die Reparaturanfälligkeit von Webstühlen
1953, 28 Seiten, 7 Abb., 5 Tabellen, DM 5,80

HEFT 23
Institut für Starkstromtechnik, Aachen
Rechnerische und experimentelle Untersuchungen zur Kenntnis der Metadyne als Umformer von konstanter Spannung auf konstanten Strom
1953, 52 Seiten, 20 Abb., 4 Tafeln, DM 9,75

HEFT 24
Institut für Starkstromtechnik, Aachen
Vergleich verschiedener Generator-Metadyne-Schaltungen in bezug auf statisches Verhalten
1952, 44 Seiten, 23 Abb., DM 8,50

HEFT 25
Gesellschaft für Kohlentechnik mbH., Dortmund-Eving
Struktur der Steinkohlen und Steinkohlen-Kokse
1953, 58 Seiten, DM 11,—

HEFT 26
Techn.-Wissenschaftl. Büro für die Bastfaserindustrie, Bielefeld
Vergleichende Untersuchungen zweier neuzeitlicher Ungleichmäßigkeitsprüfer für Bänder und Garne hinsichtlich ihrer Eignung für die Bastfaserspinnerei
1953, 64 Seiten, 30 Abb., DM 12,50

HEFT 27
Prof. Dr. E. Schratz, Münster
Untersuchungen zur Rentabilität des Arzneipflanzenanbaues Römische Kamille, Anthemis nobilis L.
1953, 16 Seiten, 1 Tabelle, DM 3,60

HEFT 28
Prof. Dr. E. Schratz, Münster
Calendula officinalis L. Studien zur Ernährung, Blütenfüllung und Rentabilität der Drogengewinnung
1953, 24 Seiten, 2 Abb., 3 Tabellen, DM 5,20

HEFT 29
Techn.-Wissenschaftl. Büro für die Bastfaserindustrie, Bielefeld
Die Ausnützung der Leinengarne in Geweben
1953, 100 Seiten, 14 Abb., 10 Tabellen, DM 17,80

HEFT 30
Gesellschaft für Kohlentechnik mbH., Dortmund-Eving
Kombinierte Entaschung und Verschwelung von Steinkohle; Aufarbeitung von Steinkohlenschlämmen zu verkokbarer oder verschwelbarer Kohle
1953, 56 Seiten, 16 Abb., 10 Tabellen, DM 10,50

HEFT 31
Dipl.-Ing. A. Stormanns, Essen
Messung des Leistungsbedarfs von Doppelsteg-Kettenförderern
1954, 54 Seiten, 18 Abb., 3 Anlagen, DM 11,—

HEFT 32
Techn.-Wissenschaftl. Büro für die Bastfaserindustrie, Bielefeld
Der Einfluß der Natriumchloridbleiche auf Qualität und Verwebbarkeit von Leinengarnen und die Eigenschaften der Leinengewebe unter besonderer Berücksichtigung des Einsatzes von Schützen- und Spulenwechselautomaten in der Leinenweberei
1953, 64 Seiten, 2 Abb., 12 Tabellen, DM 11,50

HEFT 33
Kohlenstoffbiologische Forschungsstation e. V.
Eine Methode zur Bestimmung von Schwefeldioxyd und Schwefelwasserstoff in Rauchgasen und in der Atmosphäre
1953, 32 Seiten, 8 Abb., 3 Tabellen, DM 6,50

HEFT 34
Textilforschungsanstalt Krefeld
Quellungs- und Entquellungsvorgänge bei Faserstoffen
1953, 52 Seiten, 13 Abb., 13 Tabellen, DM 9,80

WESTDEUTSCHER VERLAG · KÖLN UND OPLADEN

HEFT 35
Professor Dr. W. Kast, Krefeld
Feinstrukturuntersuchungen an künstlichen Zellulosefasern verschiedener Herstellungsverfahren. Teil I: Der Orientierungszustand
1953, 74 Seiten, 30 Abb., 7 Tabellen, DM 13,80

HEFT 36
Forschungsinstitut der feuerfesten Industrie, Bonn
Untersuchungen über die Trocknung von Rohton
Untersuchungen über die chemische Reinigung von Silika- und Schamotte-Rohstoffen mit chlorhaltigen Gasen
1953, 60 Seiten, 5 Abb., 5 Tabellen, DM 11,—

HEFT 37
Forschungsinstitut der feuerfesten Industrie, Bonn
Untersuchungen über den Einfluß der Probenvorbereitung auf die Kaltdruckfestigkeit feuerfester Steine
1953, 40 Seiten, 2 Abb., 5 Tabellen, DM 7,80

HEFT 38
Forschungsstelle für Acetylen, Dortmund
Untersuchungen über die Trocknung von Acetylen zur Herstellung von Dissousgas
1953, 36 Seiten, 11 Abb., 3 Tabellen, DM 6,80

HEFT 39
Forschungsgesellschaft Blechverarbeitung e. V., Düsseldorf
Untersuchungen an prägegemusterten und vorgelochten Blechen
1953, 46 Seiten, 34 Abb., DM 9,50

HEFT 40
Landesgeologe Dr.-Ing. W. Wolff, Amt für Bodenforschung, Krefeld
Untersuchungen über die Anwendbarkeit geophysikalischer Verfahren zur Untersuchung von Spateisengängen im Siegerland
1953, 46 Seiten, 8 Abb., DM 8,80

HEFT 41
Techn.-Wissenschaftl. Büro für die Bastfaserindustrie, Bielefeld
Untersuchungsarbeiten zur Verbesserung des Leinenwebstuhles II
1953, 40 Seiten, 4 Abb., 5 Tabellen, DM 7,80

HEFT 42
Professor Dr. B. Helferich, Bonn
Untersuchungen über Wirkstoffe — Fermente — in der Kartoffel und die Möglichkeit ihrer Verwendung
1953, 58 Seiten, 9 Abb., DM 11,—

HEFT 43
Forschungsgesellschaft Blechverarbeitung e. V., Düsseldorf
Forschungsergebnisse über das Beizen von Blechen
1953, 48 Seiten, 38 Abb., 2 Tabellen, DM 11,30

HEFT 44
Arbeitsgemeinschaft für praktische Dehnungsmessung, Düsseldorf
Eigenschaften und Anwendungen von Dehnungsmeßstreifen
1953, 68 Seiten, 43 Abb., 2 Tabellen, DM 13,70

HEFT 45
Losenhausenwerk Düsseldorfer Maschinenbau AG., Düsseldorf
Untersuchungen von störenden Einflüssen auf die Lastgrenzenanzeige von Dauerschwingprüfmaschinen
1953, 36 Seiten, 11 Abb., 3 Tabellen, DM 7,25

HEFT 46
Prof. Dr. W. Fuchs, Aachen
Untersuchungen über die Aufbereitung von Wasser für die Dampferzeugung in Benson-Kesseln
1953, 58 Seiten, 18 Abb., 9 Tabellen, DM 11,20

HEFT 47
Prof. Dr.-Ing. K. Krekeler, Aachen
Versuche über die Anwendung der induktiven Erwärmung zum Sintern von hochschmelzenden Metallen sowie zur Anlegierung und Vergütung von aufgespritzten Metallschichten mit dem Grundwerkstoff
1954, 66 Seiten, 39 Abb., DM 13,90

HEFT 48
Max-Planck-Institut für Eisenforschung, Düsseldorf
Spektrochemische Analyse der Gefügebestandteile in Stählen nach ihrer Isolierung
1953, 38 Seiten, 8 Abb., 5 Tabellen, DM 7,80

HEFT 49
Max-Planck-Institut für Eisenforschung, Düsseldorf
Untersuchungen über Ablauf der Desoxydation und die Bildung von Einschlüssen in Stählen
1953, 52 Seiten, 19 Abb., 3 Tabellen, DM 12,40

HEFT 50
Max-Planck-Institut für Eisenforschung, Düsseldorf
Flammenspektralanalytische Untersuchung der Ferritzusammensetzung in Stählen
1953, 44 Seiten, 15 Abb., 4 Tabellen, DM 8,60

HEFT 51
Verein zur Förderung von Forschungs- und Entwicklungsarbeiten in der Werkzeugindustrie e. V., Remscheid
Untersuchungen an Kreissägeblättern für Holz, Fehler- und Spannungsprüfverfahren
1953, 50 Seiten, 23 Abb., DM 10,—

HEFT 52
Forschungsstelle für Acetylen, Dortmund
Untersuchungen über den Umsatz bei der explosiblen Zersetzung von Azetylen
 a) Zersetzung von gasförmigem Azetylen
 b) Zersetzung von an Silikagel absorbiertem Azetylen
1954, 48 Seiten, 8 Abb., 10 Tabellen, DM 9,25

HEFT 53
Professor Dr.-Ing. H. Opitz, Aachen
Reibwert und Verschleißmessungen an Kunststoffgleitführungen für Werkzeugmaschinen
1954, 38 Seiten, 18 Abb., DM 8,20

HEFT 54
Professor Dr.-Ing. F. A. F. Schmidt, Aachen
Schaffung von Grundlagen für die Erhöhung der spez. Leistung und Herabsetzung des spez. Brennstoffverbrauches bei Ottomotoren mit Teilbericht über Arbeiten an einem neuen Einspritzverfahren
1954, 34 Seiten, 15 Abb., DM 7,40

HEFT 55
Forschungsgesellschaft Blechverarbeitung e. V., Düsseldorf
Chemisches Glänzen von Messing und Neusilber
1954, 50 Seiten, 21 Abb., 1 Tabelle, DM 10,20

HEFT 56
Forschungsgesellschaft Blechverarbeitung e. V., Düsseldorf
Untersuchungen über einige Probleme der Behandlung von Blechoberflächen
1954, 52 Seiten, 42 Abb., DM 11,20

HEFT 57
Prof. Dr.-Ing. F. A. F. Schmidt, Aachen
Untersuchungen zur Erforschung des Einflusses des chemischen Aufbaues des Kraftstoffs auf sein Verhalten im Motor und in Brennkammern von Gasturbinen
1954, 70 Seiten, 32 Abb., DM 14,60

HEFT 58
Gesellschaft für Kohlentechnik mbH., Dortmund
Herstellung und Untersuchung von Steinkohlenschwelteer
1954, 74 Seiten, 9 Abb., 9 Tabellen, DM 13,75

HEFT 59
Forschungsinstitut der Feuerfest-Industrie e. V., Bonn
Ein Schnellanalysenverfahren zur Bestimmung von Aluminiumoxyd, Eisenoxyd und Titanoxyd in feuerfestem Material mittels organischer Farbreagenzien auf photometrischem Wege
Untersuchungen des Alkali-Gehaltes feuerfester Stoffe mit dem Flammenphotometer nach Riehm-Lange
1954, 62 Seiten, 12 Abb., 3 Tabellen, DM 11,60

HEFT 60
Forschungsgesellschaft Blechverarbeitung e. V., Düsseldorf
Untersuchungen über das Spritzlackieren im elektrostatischen Hochspannungsfeld
1954, 82 Seiten, 53 Abb., 7 Tabellen, DM 17,—

HEFT 61
Verein zur Förderung von Forschungs- und Entwicklungsarbeiten in der Werkzeugindustrie e. V., Remscheid
Schwingungs- und Arbeitsverhalten von Kreissägeblättern für Holz
1954, 54 Seiten, 31 Abb., DM 11,40

HEFT 62
Professor Dr. W. Franz, Institut für theoretische Physik der Universität Münster
Berechnung des elektrischen Durchschlags durch feste und flüssige Isolatoren
1954, 36 Seiten, DM 7,—

HEFT 63
Textilforschungsanstalt Krefeld
Neue Methoden zur Untersuchung der Wirkungsweise von Textilhilfsmitteln
Untersuchungen über Schlichtungs- und Entschlichtungsvorgänge
1954, 34 Seiten, 1 Abb., 5 Tabellen, DM 6,80

HEFT 64
Textilforschungsanstalt Krefeld
Die Kettenlängenverteilung von hochpolymeren Faserstoffen
Über die fraktionierte Fällung von Polyamiden
1954, 44 Seiten, 13 Abb., DM 8,60

HEFT 65
Fachverband Schneidwarenindustrie, Solingen
Untersuchungen über das elektrolytische Polieren von Tafelmesserklingen aus rostfreiem Stahl
1954, 90 Seiten, 38 Abb., 9 Tabellen, DM 17,35

HEFT 66
Dr.-Ing. P. Füsgen VDI †, Düsseldorf
Untersuchungen über das Auftreten des Ratterns bei selbsthemmenden Schneckengetrieben und seine Verhütung
1954, 32 Seiten, 5 Abb., DM 6,60

HEFT 67
Heinrich Wösthoff o. H. G., Apparatebau, Bochum
Entwicklung einer chemisch-physikalischen Apparatur zur Bestimmung kleinster Kohlenoxyd-Konzentrationen
1954, 94 Seiten, 48 Abb., 2 Tabellen, DM 18,25

HEFT 68
Kohlenstoffbiologische Forschungsstation e. V., Essen
Algengroßkulturen im Sommer 1952
II. Über die unsterile Großkultur von Scenedesmus obliquus
1954, 62 Seiten, 3 Abb., 29 Tabellen, DM 11,40

HEFT 69
Wäschereiforschung Krefeld
Bestimmung des Faserabbaues bei Leinen unter besonderer Berücksichtigung der Leinengarnbleiche
1954, 48 Seiten, 15 Abb., 3 Tabellen, DM 9,60

HEFT 70
Wäschereiforschung Krefeld
Trocknen von Wäschestoffen
1954, 52 Seiten, 18 Abb., 3 Tabellen, DM 10,—

HEFT 71
Prof. Dr.-Ing. K. Leist, Aachen
Kleingasturbinen, insbesondere zum Fahrzeugantrieb
1954, 114 Seiten, 85 Abb., DM 22,—

HEFT 72
Prof. Dr.-Ing. K. Leist, Aachen
Beitrag zur Untersuchung von stehenden geraden Turbinengittern mit Hilfe von Druckverteilungsmessungen
1954, 152 Seiten, 111 Abb., DM 36,20

HEFT 73
Prof. Dr.-Ing. K. Leist, Aachen
Spannungsoptische Untersuchungen von Turbinenschaufelfüßen
1954, 66 Seiten, 46 Abb., 2 Tabellen, DM 14,60

HEFT 74
Max-Planck-Institut für Eisenforschung, Düsseldorf
Versuche zur Klärung des Umwandlungsverhaltens eines sonderkarbidbildenden Chromstahls
1954, 58 Seiten, 10 Abb., DM 14,—

HEFT 75
Max-Planck-Institut für Eisenforschung, Düsseldorf
Zeit-Temperatur-Umwandlungs-Schaubilder als Grundlage der Wärmebehandlung der Stähle
1954, 44 Seiten, 13 Abb., DM 8,70

HEFT 76
Max-Planck-Institut für Arbeitsphysiologie, Dortmund
Arbeitstechnische und arbeitsphysiologische Rationalisierung von Mauersteinen
1954, 52 Seiten, 12 Abb., 3 Tabellen, DM 10,20

HEFT 77
Meteor Apparatebau Paul Schmeck GmbH., Siegen
Entwicklung von Leuchtstoffröhren hoher Leistung
1954, 46 Seiten, 12 Abb., 2 Tabellen, DM 9,15

HEFT 78
Forschungsstelle für Acetylen, Dortmund
Über die Zustandsgleichung des gasförmigen Acetylens und das Gleichgewicht Acetylen — Aceton
1954, 42 Seiten, 3 Abb., 8 Tabellen, DM 8,—

HEFT 79
Techn.-Wissenschaftl. Büro für die Bastfaserindustrie, Bielefeld
Trocknung von Leinengarnen III
Spinnspulen- und Spinnkopstrocknung
Vorgang und Einwirkung auf die Garnqualität
1954, 74 Seiten, 18 Abb., 10 Tabellen, DM 14,—

WESTDEUTSCHER VERLAG · KÖLN UND OPLADEN

HEFT 80
Techn.-Wissenschaftl. Büro für die Bastfaserindustrie, Bielefeld
Die Verarbeitung von Leinengarn auf Webstühlen mit und ohne Oberbau
1954, 30 Seiten, 2 Abb., 2 Tabellen, DM 6,—

HEFT 81
Prüf- und Forschungsinstitut für Ziegeleierzeugnisse, Essen-Kray
Die Einführung des großformatigen Einheits-Gitterziegels im Lande Nordrhein-Westfalen
1954, 54 Seiten, 2 Abb., 2 Tabellen, DM 10,—

HEFT 82
Vereinigte Aluminium-Werke AG., Bonn
Forschungsarbeiten auf dem Gebiet der Veredelung von Aluminium-Oberflächen
1954, 46 Seiten, 34 Abb., DM 9,60

HEFT 83
Prof. Dr. S. Strugger, Münster
Über die Struktur der Proplastiden
1954, 30 Seiten, 15 Abb., DM 8,40

HEFT 84
Dr. H. Baron, Düsseldorf
Über Standardisierung von Wundtextilien
1954, 32 Seiten, DM 6,40

HEFT 85
Textilforschungsanstalt Krefeld
Physikalische Untersuchungen an Fasern, Fäden, Garnen und Geweben:
Untersuchungen am Knickscheuergerät nach Weltzien
1954, 40 Seiten, 11 Abb., 8 Tabellen, DM 10,—

HEFT 86
Prof. Dr.-Ing. H. Opitz, Aachen
Untersuchungen über das Fräsen von Baustahl sowie über den Einfluß des Gefüges auf die Zerspanbarkeit
1954, 108 Seiten, 73 Abb., 7 Tabellen, DM 22,—

HEFT 87
Gemeinschaftsausschuß Verzinken, Düsseldorf
Untersuchungen über Güte von Verzinkungen
1954, 68 Seiten, 56 Abb., 3 Tabellen, DM 15,30

HEFT 88
Gesellschaft für Kohlentechnik mbH., Dortmund-Eving
Oxydation von Steinkohle mit Salpetersäure
1954, 62 Seiten, 2 Abb., 1 Tabelle, DM 11,50

HEFT 89
Verein Deutscher Ingenieure, Gleitlagerforschung, Düsseldorf und Prof. Dr.-Ing. G. Vogelpohl, Göttingen
Versuche mit Preßstoff-Lagern für Walzwerke
1954, 70 Seiten, 34 Abb., DM 14,10

HEFT 90
Forschungs-Institut der Feuerfest-Industrie, Bonn
Das Verhalten von Silikasteinen im Siemens-Martin-Ofengewölbe
1954, 62 Seiten, 15 Abb., 11 Tabellen, DM 11,90

HEFT 91
Forschungs-Institut der Feuerfest-Industrie, Bonn
Untersuchungen des Zusammenhangs zwischen Leistung und Kohlenverbrauch von Kammeröfen zum Brennen von feuerfesten Materialien
1954, 42 Seiten, 6 Abb., DM 8,30

HEFT 92
Techn.-Wissenschaftl. Büro für die Bastfaserindustrie, Bielefeld und Laboratorium für textile Meßtechnik, M.-Gladbach
Messungen von Vorgängen am Webstuhl
1954, 76 Seiten, 45 Abb., DM 15,50

HEFT 93
Prof. Dr. W. Kast, Krefeld
Spinnversuche zur Strukturerfassung künstlicher Zellulosefasern
1954, 82 Seiten, 39 Abb., 6 Tabellen, DM 16,—

HEFT 94
Prof. Dr. G. Winter, Bonn
Die Heilpflanzen des MATTHIOLUS (1611) gegen Infektionen der Harnwege und Verunreinigung der Wunden bzw. zur Förderung der Wundheilung im Lichte der Antibiotikaforschung
1954, 58 Seiten, 1 Abb., 2 Tabellen, DM 11,50

HEFT 95
Prof. Dr. G. Winter, Bonn
Untersuchungen über die flüchtigen Antibiotika aus der Kapuziner- (Tropaeolum maius) und Gartenkresse (Lepidium sativum) und ihr Verhalten im menschlichen Körper bei Aufnahme von Kapuziner- bzw. Gartenkressensalat per os
1955, 74 Seiten, 9 Abb., 25 Tabellen, DM 14,—

HEFT 96
Dr.-Ing. P. Koch, Dortmund
Austritt von Exoelektronen aus Metalloberflächen unter Berücksichtigung der Verwendung des Effektes für die Materialprüfung
1954, 34 Seiten, 13 Abb., DM 7,—

HEFT 97
Ing. H. Stein, Laboratorium für textile Meßtechnik, M.-Gladbach
Untersuchung der Verzugsvorgänge an den Streckwerken verschiedener Spinnereimaschinen
2. Bericht: Ermittlung der Haft-Gleiteigenschaften von Faserbändern und Vorgarnen
1955, 98 Seiten, 54 Abb., DM 21,—

HEFT 98
Fachverband Gesenkschmieden, Hagen
Die Arbeitsgenauigkeit beim Gesenkschmieden unter Hämmern
1955, 132 Seiten, 55 Abb., 9 Tabellen, DM 24,75

HEFT 99
Prof. Dr.-Ing. G. Garbotz, Aachen
Der Kraft- und Arbeitsaufwand sowie die Leistungen beim Biegen von Bewehrungsstählen in Abhängigkeit von den Abmessungen, den Formen und der Güte der Stähle (Ermittlung von Leistungsrichtlinien)
1955, 136 Seiten, 53 Abb., 3 Anlagen, 18 Tabellen, DM 30,—

HEFT 100
Prof. Dr.-Ing. H. Opitz, Aachen
Untersuchungen von elektrischen Antrieben, Steuerungen und Regelungen an Werkzeugmaschinen
1955, 166 Seiten, 71 Abb., 3 Tabellen, DM 31,30

HEFT 101
Prof. Dr.-Ing. H. Opitz, Aachen
Wirtschaftlichkeitsbetrachtungen beim Außenrundschleifen
1955, 100 Seiten, 56 Abb., 3 Tabellen, DM 19,30

HEFT 102
Dr. P. Hölemann, Ing. R. Hasselmann und Ing. G. Dix, Dortmund
Untersuchungen über die thermische Zündung von explosiblen Acetylenzersetzungen in Kapillaren
1954, 44 Seiten, 5 Abb., 4 Tabellen, DM 8,60

HEFT 103
Prof. Dr. W. Weizel, Bonn
Durchführung von experimentellen Untersuchungen über den zeitlichen Ablauf von Funken in komprimierten Edelgasen sowie zu deren mathematischen Berechnung
1955, 46 Seiten, 12 Abb., DM 9,10

HEFT 104
Prof. Dr. W. Weizel, Bonn
Über den Einfluß der Elektroden auf die Eigenschaften von Cadmium-Sulfid-Widerstands-Photozellen
1955, 48 Seiten, 12 Abb., DM 9,45

HEFT 105
Dr.-Ing. R. Meldau, Harsewinkel/Westf.
Auswertung von Gekörn — Analysen des Musterstaubes „Flugasche Fortuna I"
1955, 42 Seiten, 14 Abb., DM 8,50

HEFT 106
ORR. Dr.-Ing. W. Küch, Dortmund
Untersuchungen über die Einwirkung von feuchtigkeitsgesättigter Luft auf die Festigkeit von Leimverbindungen
1954, 60 Seiten, 10 Abb., 6 Tabellen, DM 11,40

HEFT 107
Prof. Dr. H. Lange und Dipl.-Phys. P. St. Pütter, Köln
Über die Konstruktion von Laboratoriumsmagneten
1955, 66 Seiten, 19 Abb., 1 Tabelle, DM 12,30

HEFT 108
Prof. Dr. W. Fuchs, Aachen
Untersuchungen über neue Beizmethoden und Beizabwässer
I. Die Entzunderung von Drähten mit Natriumhydrid
II. Die Aufbereitung von Beizabwässern
1955, 82 S., 15 Abb., 14 Tabellen, 1 Falttafel, DM 15,25

HEFT 109
Dr. P. Hölemann und Ing. R. Hasselmann, Dortmund
Untersuchungen über die Löslichkeit von Azetylen in verschiedenen organischen Lösungsmitteln
1954, 42 Seiten, 10 Abb., 8 Tabellen, DM 8,30

HEFT 110
Dr. P. Hölemann und Ing. R. Hasselmann, Dortmund
Untersuchungen über den Druckverlauf bei der explosiblen Zersetzung von gasförmigem Azetylen
1955, 54 Seiten, 10 Abb., 5 Tabellen, DM 11,—

HEFT 111
Fachverband Steinzeugindustrie, Köln
Die Entwicklung eines Gerätes zur Beschickung seitlicher Feuer von Steinzeug-Einzelkammeröfen mit festen Brennstoffen
1955, 46 Seiten, 16 Abb., DM 9,40

HEFT 112
Prof. Dr.-Ing. H. Opitz, Aachen
Verschleißmessungen beim Drehen mit aktivierten Hartmetallwerkzeugen
1954, 44 Seiten, 17 Abb., 6 Tabellen, DM 8,80

HEFT 113
Prof. Dr. O. Graf, Dortmund
Erforschung der geistigen Ermüdung und nervösen Belastung: Studien über die vegetative 24-Stunden-Rhythmik in Ruhe und unter Belastung
1955, 40 Seiten, 12 Abb., DM 8,20

HEFT 114
Prof. Dr. O. Graf, Dortmund
Studien über Fließarbeitsprobleme an einer praxisnahen Experimentieranlage
1954, 34 Seiten, 6 Abb., DM 7,—

HEFT 115
Prof. Dr. O. Graf, Dortmund
Studium über Arbeitspausen in Betrieben bei freier und zeitgebundener Arbeit (Fließarbeit) und ihre Auswirkung auf die Leistungsfähigkeit
1955, 50 Seiten, 13 Abb., 2 Tabellen, DM 9,80

HEFT 116
Prof. Dr.-Ing. E. Siebel und Dr.-Ing. H. Weiss, Stuttgart
Untersuchungen an einigen Problemen des Tiefziehens — I. Teil
1955, 74 Seiten, 50 Abb., 5 Tabellen, DM 14,50

HEFT 117
Dr.-Ing. H. Beißwänger, Stuttgart, und Dr.-Ing. S. Schwandt, Trier
Untersuchungen an einigen Problemen des Tiefziehens — II. Teil
1955, 92 Seiten, 34 Abb., 8 Tabellen, DM 17,70

HEFT 118
Prof. Dr. E. A. Müller und Dr. H. G. Wenzel, Dortmund
Neuartige Klima-Anlage zur Erzeugung ungleicher Luft- und Strahlungstemperaturen in einem Versuchsraum
1955, 68 Seiten, 10 z. T. mehrfarb. Abb., DM 14,—

HEFT 119
Dr.-Ing. O. Viertel, Krefeld
Wäscherei- und energietechnische Untersuchung einer Gemeinschafts-Waschanlage
1955, 50 Seiten, 18 Abb., DM 10,20

HEFT 120
Dipl.-Ing. A. Weisbecker, Lüdenscheid
Über Anfressung an Reinstaluminium-Schweißnähten bei der elektrolytischen Oxydation
Gebr. Hörstermann GmbH., Velbert
Entwicklung und Erprobung eines neuartigen Gummibandförderers
1955, 46 Seiten, 18 Abb., DM 9,70

HEFT 121
Dr. H. Krebs, Bonn
I. Die Struktur und die Eigenschaften der Halbmetalle
II. Die Bestimmung der Atomverteilung in amorphen Substanzen
III. Die chemische Bindung in anorganischen Festkörpern und das Entstehen metallischer Eigenschaften
1955, 124 Seiten, 36 Abb., 13 Tabellen, DM 22,90

HEFT 122
Prof. Dr. W. Fuchs, Aachen
Untersuchungen zur Verbesserung der Wasseraufbereitung und Wasseranalyse:
Über die Schnellbewertung von Ionenaustauscher
1955, 62 Seiten, 32 Abb., DM 12,30

HEFT 123
Dipl.-Ing. J. Emondts, Aachen
Über Bodenverformungen bei stark gestörtem und mächtigem, wasserführendem Deckgebirge im Aachener Steinkohlengebiet
1955, 196 Seiten, 37 Abb., 10 Tabellen, DM 28,80

HEFT 124
Prof. Dr. R. Seyffert, Köln
Wege und Kosten der Distribution der Hausratwaren im Lande Nordrhein-Westfalen
1955, 74 Seiten, 25 Tabellen, DM 9,—

WESTDEUTSCHER VERLAG · KÖLN UND OPLADEN

HEFT 125
Prof. Dr. E. Kappler, Münster
Eine neue Methode zur Bestimmung von Kondensations-Koeffizienten von Wasser
1955, 46 Seiten, 11 Abb., 1 Tabelle, DM 9,10

HEFT 126
Prof. Dr.-Ing. J. Mathieu, Aachen
Arbeitszeitvergleich
Grundlagen, Methodik und praktische Durchführung
1955, 70 Seiten, DM 13,—

HEFT 127
Güteschutz Betonstein e. V., Arbeitskreis Nordrhein-Westfalen, Dortmund
Die Betonwaren-Gütesicherung im Lande Nordrhein-Westfalen
1955, 58 Seiten, 15 Abb., 3 Tabellen, DM 11,50

HEFT 128
Prof. Dr. O. Schmitz-DuMont, Bonn
Untersuchungen über Reaktionen in flüssigem Ammoniak
1955, 96 Seiten, 11 Abb., 6 Tabellen, DM 17,75

HEFT 129
Prof. Dr.-Ing. J. Mathieu und Dr. C. A. Roos, Aachen
Die Anlernung von Industriearbeitern
I. Ergebnisse einer grundsätzlichen Untersuchung der gegenwärtigen Industriearbeiter-Kurzanlernung
1955, 106 Seiten, DM 19,70

HEFT 130
Prof. Dr.-Ing. J. Mathieu und Dr. C. A. Roos, Aachen
Die Anlernung von Industriearbeitern
II. Beiträge zur Methodenfrage der Kurzanlernung
1955, 108 Seiten, DM 19,90

HEFT 131
Dr. W. Hoerburger, Köln
Versuche zur Biosynthese von Eiweiß aus Kohlenwasserstoff
1955, 34 Seiten, 2 Abb., DM 6,90

HEFT 132
Prof. Dr. W. Seith, Münster
Über Diffusionserscheinungen in festen Metallen
1955, 42 Seiten, 19 Abb., 4 Tabellen, DM 9,10

HEFT 133
Prof. Dr. E. Jenckel, Aachen
Über einen für Schwermetalle selektiven Ionenaustauscher
1955, 48 Seiten, 8 Abb., 13 Tabellen, DM 9,50

HEFT 134
Prof. Dr.-Ing. H. Winterhager, Aachen
Über die elektrochemischen Grundlagen der Schmelzfluß-Elektrolyse von Bleisulfid in geschmolzenen Mischungen mit Bleichlorid
1955, 54 Seiten, 20 Abb., 5 Tabellen, DM 11,80

HEFT 135
Prof. Dr.-Ing. K. Krekeler und Dr.-Ing. H. Peukert, Aachen
Die Änderung der mechanischen Eigenschaften thermoplastischer Kunststoffe durch Warmrecken
1955, 54 Seiten, 27 Abb., DM 11,10

HEFT 136
Dipl.-Phys. P. Pilz, Remscheid
Über spezielle Probleme der Zerkleinerungstechnik von Weichstoffen
1955, 58 Seiten, 19 Abb., 2 Tabellen, DM 11,50

HEFT 137
Prof. Dr. W. Baumeister, Münster
Beiträge zur Mineralstoffernährung der Pflanzen
1955, 64 Seiten, 6 Tabellen, DM 11,80

HEFT 138
Dr. P. Hölemann und Ing. R. Hasselmann, Dortmund
Untersuchungen über die Zersetzungswärme von gasförmigem und in Azeton gelöstem Azetylen
1955, 54 Seiten, 8 Abb., 7 Tabellen, DM 10,40

HEFT 139
Prof. Dr. W. Fuchs, Aachen
Studien über die thermische Zersetzung der Kohle und die Kohlendestillatprodukte
1955, 64 Seiten, 20 Abb., 22 Tabellen, DM 11,80

HEFT 140
Dr.-Ing. G. Hausberg, Essen
Modellversuche an Zyklonen
1955, 78 Seiten, 24 Abb., DM 15,70

HEFT 141
Dr. J. van Calker und Dr. R. Wienecke, Münster
Untersuchungen über den Einfluß dritter Analysenpartner auf die spektrochemische Analyse
1955, 42 Seiten, 15 Abb., DM 9,10

HEFT 142
Dipl.-Ing. G. M. F. Wiebel, Hannover, A. Konermann und A. Ottenheym, Sennelager
Entwicklung eines Kalksandleichtsteines
1955, 38 Seiten, 4 Abb., DM 8,—

HEFT 143
Prof. Dr. F. Wever, Dr. A. Rose und Dipl.-Ing. W. Straßburg, Düsseldorf
Härtbarkeit und Umwandlungsverhalten der Stähle
1955, 50 Seiten, 12 Abb., 3 Tabellen, DM 10,70

HEFT 144
Prof. Dr. H. Wurmbach, Bonn
Steuerung von Wachstum und Formbildung
1955, 48 Seiten, 19 Abb., DM 10,30

HEFT 145
Dr. G. Hennemann, Werdohl (Westf.)
Beitrag zur Interpretation der modernen Atomphysik
1955, 34 Seiten, DM 10,—

HEFT 146
Dr.-Ing. F. Gruß, Düsseldorf
Sterilisation mit Heißluft
1955, 34 Seiten, 10 Abb., DM 7,70

HEFT 147
Dr.-Ing. W. Rudisch, Unna
Untersuchung einer drehelastischen Elektromagnet-Synchronkupplung
1955, 82 Seiten, 65 Abb., DM 17,70

HEFT 148
Prof. Dr. H. Bittel u. Dipl.-Phys. L. Storm, Münster
Untersuchungen über Widerstandsrauschen
1955, 40 Seiten, 5 Abb., DM 8,40

HEFT 149
Dipl.-Ing. K. Konopicky und Dipl.-Chem. P. Kampa, Bonn
I. Beitrag zur flammenphotometrischen Bestimmung des Calciums.
Dr.-Ing. K. Konopicky, Bonn
II. Die Wanderung von Schlackenbestandteilen in feuerfesten Baustoffen
1955, 54 Seiten, 10 Abb., 5 Tabellen, DM 11,—

HEFT 150
Prof. Dr.-Ing. O. Kienzle und Dipl.-Ing. W. Timmerbeil, Hannover
Das Durchziehen enger Kragen an ebenen Fein- und Mittelblechen
1955, 52 Seiten, 20 Abb., 8 Tabellen, DM 11,30

HEFT 151
Dipl.-Ing. P. Karabasch, Aachen
Feststellung des optimalen Gasgehaltes von Bronzen zur Erzielung druckdichter Gußstücke
1956, 64 Seiten, 31 Abb., 5 Tabellen, DM 13,90

HEFT 152
Dipl.-Ing. G. Müller, Köln
Ermittlung der Laufeigenschaften (Vergießbarkeit) von Bronze und Rotguß mittels der Schneider-Gießspirale
1955, 60 Seiten, 33 Abb., DM 13,30

HEFT 153
Prof. Dr. F. Wever, Dr.-Ing. W. A. Fischer und Dipl.-Ing. J. Engelbrecht, Düsseldorf
I. Die Reduktion sauerstoffhaltiger Eisenschmelzen im Hochvakuum mit Wasserstoff und Kohlenstoff
II. Einfluß geringer Sauerstoffgehalte auf das Gefüge und Alterungsverhalten von Reineisen
1955, 54 Seiten, 15 Abb., 2 Tabellen, DM 12,40

HEFT 154
Prof. Dr.-Ing. P. Bardenheuer und Dr.-Ing. W. A. Fischer, Düsseldorf
Die Verschlackung von Titan aus Stahlschmelzen im sauren und basischen Hochfrequenzofen unter verschiedenen Schlacken
1955, 36 Seiten, 10 Abb., 1 Tabelle, DM 7,95

HEFT 155
Dipl.-Phys. K. H. Schirmer, München
Die auf Grau abgestimmte Farbwiedergabe im Dreifarbenbuchdruck
1955, 46 Seiten, 17 Abb., 2 Farbtafeln, DM 10,—

HEFT 156
Prof. Dr.-Ing. B. von Borries und Mitarbeiter, Düsseldorf
Die Entwicklung regelbarer permanentmagnetischer Elektronenlinsen hoher Brechkraft und eines mit ihnen ausgerüsteten Elektronenmikroskopes neuer Bauart
1956, 102 Seiten, 52 Abb., DM 22,55

HEFT 157
Dr. W. Jawtusch, Dr. G. Schuster und Prof. Dr.-Ing. R. Jaeckel, Bonn
Untersuchungen über die Stoßvorgänge zwischen neutralen Atomen und Molekülen
1955, 48 Seiten, 15 Abb., 3 Tabellen, DM 10,50

HEFT 158
Dipl.-Ing. W. Rosenkranz, Meinerzhagen
Ein Beitrag zum Problem der Spannungskorrosion bei Preßprofilen und Preßteilen aus Aluminium-Legierungen
1956, 112 Seiten, 61 Abb., 5 Tabellen, DM 27,40

HEFT 159
Dr.-Ing. O. Viertel und O. Oldenroth, Krefeld
Das Bleichen von Weißwäsche mit Wasserstoffsuperoxyd bzw. Natriumhypochlorit beim maschinellen Waschen
1955, 54 Seiten, 23 Abb., 2 Tabellen, DM 11,45

HEFT 160
Prof. Dr. W. Klemm, Münster
Über neue Sauerstoff- und Fluor-haltige Komplexe
1955, 50 Seiten, 13 Abb., 7 Tabellen, DM 10,80

HEFT 161
Prof. Dr. W. Weltzien und Dr. G. Hauschild, Krefeld
Über Silikone und ihre Anwendung in der Textilveredlung
1955, 162 Seiten, 22 Abb., 10 Tabellen, DM 27,—

HEFT 162
Prof. Dr. F. Wever, Prof. Dr. A. Kochendörfer und Dr.-Ing. Chr. Rohrbach, Düsseldorf
Kennzeichnung der Sprödbruchneigung von Stählen durch Messung der Fließspannung, Reißspannung und Brucheinschnürung an dreiachsig beanspruchten Proben
1955, 58 Seiten, 26 Abb., DM 13,—

HEFT 163
Dipl.-Ing. W. Rohs und Text.-Ing. H. Griese, Bielefeld
Untersuchungsarbeiten zur Verbesserung des Leinenwebstuhls III
1955, 80 Seiten, 15 Abb., 18 Tabellen, DM 15,80

HEFT 164
Dr.-Ing. H. Schmachtenberg, Köln
Neuartige Prüfeinrichtungen für Kraftfahrzeuge
1955, 44 Seiten, 23 Abb., DM 9,60

HEFT 165
Dr.-Ing. W. Wilhelm, Aachen
Instationäre Gasströmung im Auspuffsystem eines Zweitaktmotors
1955, 62 Seiten, 31 Abb., 8 Tabellen, DM 13,60

HEFT 166
Prof. Dr. M. v. Stackelberg, Dr. H. Heindze, Dr. H. Hübschke und Dr. K. H. Frangen, Bonn
Kolloidchemische Untersuchungen
1955, 106 Seiten, 8 Abb., 13 Tabellen, DM 21,25

HEFT 167
Prof. Dr.-Ing. F. Schuster, Essen
I. Über die Heißkarburierung von Brenngasen mit Ölen und Teeren
II. Die Strahlungsvorgänge in brennstoffbeheizten Öfen bei verschiedenen Verbrennungsatmosphären
1955, 38 Seiten, 8 Abb., DM 8,30

HEFT 168
Prof. Dr.-Ing. F. Schuster, Essen
I. Luftvorwärmung an Gasfeuerungen
II. Heizwerthöhe von Brenngasen und Wirkungsgrad sowie Gasverbrauch bei der Gasverwendung
III. Sauerstoffangereicherte Luft und feuerungstechnische Kenngrößen von Brenngasen
1955, 60 Seiten, 18 Abb., DM 12,50

HEFT 169
Forschungsinstitut für Pigmente und Lacke, Stuttgart
Arbeiten über die Bestimmung des Gebrauchswertes von Lackfilmen durch physikalische Prüfungen
1955, 70 Seiten, 23 Abb., 4 Tabellen, DM 15,—

HEFT 170
Prof. Dr. F. Wever, Dr. A. Rose und Dipl.-Ing L. Rademacher, Düsseldorf
Anwendung von Umwandlungsschaubilder auf Fragen der Werkstoffauswahl beim Schweißen und Flammhärten
1955, 64 Seiten, 25 Abb., DM 13,70

WESTDEUTSCHER VERLAG · KÖLN UND OPLADEN

HEFT 171
Wäschereiforschung Krefeld
Untersuchung der Wäscheentwässerung mit Hilfe von Zentrifugen und Pressen
1955, 42 Seiten, 16 Abb., 4 Tabellen, DM 9,70

HEFT 172
Dipl.-Ing. W. Rohs, Dr.-Ing. G. Satlow und Text.-Ing. G. Heller, Bielefeld
Trocknung von Hanfgarnen. Kreuzspultrocknung
1955, 60 Seiten, 7 Abb., 4 Tabellen, DM 10,30

HEFT 173
Prof. Dr. R. Hosemann und Dipl.-Phys. G. Schoknecht, Berlin, vorgelegt von Prof. Dr. W. Kast, Krefeld
Lichtoptische Herstellung und Diskussion der Faltungsquadrate parakristalliner Gitter
1956, 108 Seiten, 63 Abb., 6 Tabellen, DM 24,70

HEFT 174
Prof. Dr. W. von Fragstein, Dr. J. Meingast und H. Hoch, Köln
Herstellung von Solen einheitlicher Teilchengröße und Ermittlung ihrer optischen Eigenschaften
1955, 78 Seiten, 80 Abb., 4 Tabellen, DM 18,25

HEFT 175
Dr.-Ing. H. Zeller, Aachen
Beitrag zur eindimensionalen stationären und nichtstationären Gasströmung mit Reibung und Wärmeleitung, insbesondere in Rohren mit unstetigen Querschnittsänderungen.
1956, 138 Seiten, 56 Abb., DM 29,30

HEFT 176
Dipl.-Ing. H. Schöberl, Duisburg
Über die Methoden zur Ermittlung der Verbrennungstemperatur von Brennstoffen und ein Vorschlag zu ihrer Verbesserung
1955, 30 Seiten, 3 Abb., DM 6,50

HEFT 177
Dipl.-Ing. H. Stüdemann, Solingen, und Dr.-Ing. W. Müchler, Essen
Entwicklung eines Verfahrens zur zahlenmäßigen Bestimmung der Schneideigenschaften von Messerklingen
1956, 104 Seiten, 68 Abb., 4 Tabellen, DM 22,20

HEFT 178
Prof. Dr. M. von Stackelberg u. Dr. W. Hans, Bonn
Untersuchungen zur Ausarbeitung und Verbesserung von polarographischen Analysenmethoden
1955, 46 Seiten, 14 Abb., DM 10,50

HEFT 179
Dipl.-Ing. H. F. Reineke, Bochum
Entwicklungsarbeiten auf dem Gebiete der Meß- und Regeltechnik
1955, 46 Seiten, 10 Abb., DM 10,—

HEFT 180
Dr.-Ing. W. Piepenburg, Dipl.-Ing. B. Bühling und Bauing. J. Behnke, Köln
Putzarbeiten im Hochbau und Versuche mit aktiviertem Mörtel und mechanischem Mörtelauftrag
1955, 116 Seiten, 31 Abb., 68 Tabellen, DM 23,—

HEFT 181
Prof. Dr. W. Franz, Münster
Theorie der elektrischen Leitvorgänge in Halbleitern und isolierenden Festkörpern bei hohen elektrischen Feldern
1955, 28 Seiten, 2 Abb., 1 Tabelle, DM 6,20

HEFT 182
Dr.-Ing. P. Schenk u. Dr. K. Osterloh, Düsseldorf
Katalytisch-thermische Spaltung von gasförmigen und flüssigen Kohlenwasserstoffen zur Spitzengaserzeugung
1955, 50 Seiten, 11 Abb., 11 Tabellen, DM 10,90

HEFT 183
Dr. W. Bornheim, Köln
Entwicklungsarbeiten an Flaschen- und Ampullen-Behandlungsmaschinen für die pharmazeutische Industrie
1956, 48 Seiten, 24 Abb., DM 11,70

HEFT 184
Dr.-Ing. E. Printz, Kettwig
Vollhydraulische Parallel-Kupplung für Ackerschlepper
1955, 32 Seiten, 4 Abb., DM 7,80

HEFT 185
Dipl.-Ing. W. Rohs und Text.-Ing. G. Heller, Bielefeld
Studien an einem neuzeitlichen Kreuzspultrockner für Bastfasergarne mit Wiederbefeuchtungszone
1955, 52 Seiten, 9 Abb., 3 Tabellen, DM 10,70

HEFT 186
Dr. E. Wedekind, Krefeld
Untersuchungen zur Arbeitsbestgestaltung bei der Fertigstellung von Oberhemden in gewerblichen Wäschereien
1955, 124 Seiten, 28 Abb., 6 Tabellen, 2 Falttaf., DM 12,—

HEFT 187
Dipl.-Ing. F. Göttgens, Essen
Über die Eigenarten der Bimetall-, Thermo- und Flammenionisationssicherungsmethode in ihrer Anwendung auf Zündsicherungen
1955, 40 Seiten, 6 Abb., 4 Tabellen, DM 8,40

HEFT 188
W. Kinnebrock, Langenberg (Rhld.)
Der Einfluß des Austausches gleicher Gaskochbrenner bzw. Gaskochbrennerteile auf den Wirkungsgrad und insbesondere auf den CO-Gehalt der Verbrennungsgase
1955, 42 Seiten, 7 Tabellen, DM 8,70

HEFT 189
Fa. E. Leybold's Nachfolger, Köln
I. Ausgewählte Kapitel aus der Vakuumtechnik
II. Zum Verlust anorganisch-nichtflüchtiger Substanzen während der Gefriertrocknung
1955, 52 Seiten, 16 Abb., 3 Tabellen, DM 11,20

HEFT 190
Dr. A. Neuhaus, Prof. Dr. O. Schmitz-DuMont und Dipl.-Chem. H. Reckhard, Bonn
Zur Kenntnis der Alkalititanate
1955, 60 Seiten, 13 Abb., 1 Tabelle, DM 12,20

HEFT 191
Dr. H. Söhngen, Darmstadt
Schwingungsverhalten eines Schaufelkranzes im Vakuum *1955, 36 Seiten, 7 Abb., DM 7,80*

HEFT 192
Dipl.-Phys. E. M. Schneider, München
Kohlebogenlampen für Aufnahme und Kopie
1955, 48 Seiten, 21 Abb., 3 Tabellen, DM 10,60

HEFT 193
Prof. Dr. O. Schmitz-DuMont, Bonn
Untersuchungen über neue Pigmentfarbstoffe
1956, 50 Seiten, 16 Abb., 8 Tabellen, DM 11,20

HEFT 194
Dr. K. Hecht, Köln
Entwicklung neuartiger physikalischer Unterrichtsgeräte *1955, 42 Seiten, 16 Abb., DM 9,90*

HEFT 195
Dr.-Ing. E. Rößger, Köln
Gedanken über einen neuen deutschen Luftverkehr
1955, 342 Seiten, 29 Abb., 122 Tabellen, DM 50,—

HEFT 196
Dipl.-Ing. W. Rohs und Text.-Ing. G. Griese, Bielefeld
Auswirkungen von Garnfehlern bei der Verarbeitung von Leinengarnen
1955, 36 Seiten, 3 Abb., 6 Tabellen, DM 7,80

HEFT 197
Dr. E. Wedekind, Krefeld
Untersuchungen zur Bestimmung der optimalen Arbeitsplatzgröße bei Mehrstuhlarbeit in der Weberei
1955, 92 Seiten, 34 Abb., 3 Tabellen, DM 18,50

HEFT 198
Prof. Dr. J. Weissinger, Karlsruhe
Zur Aerodynamik des Ringflügels. Die Druckverteilung dünner, fast drehsymmetrischer Flügel in Unterschallströmung *1955, 42 Seiten, 5 Abb., DM 9,—*

HEFT 199
Textilforschungsanstalt Krefeld
Die Messung von Gewebetemperaturen mittels Temperaturstrahlung
1955, 50 Seiten, 12 Abb., 3 Tabellen, DM 10,90

HEFT 200
R. Seipenbusch, Langenberg (Rhld.)
Spitzengas durch Zusatz von Flüssiggas-Wassergas- und Flüssiggas-Generatorgas-Gemischen zu Stadtgas
1955, 48 Seiten, 21 Tabellen, DM 10,35

HEFT 201
Dr.-Ing. E. W. Pleines, Frankfurt/Main
Die Sicherheit im Luftverkehr
1956, 194 Seiten, 39 Abb., 19 Tabellen, DM 39,50

HEFT 202
Dipl.-Ing. D. Fiecke, Stuttgart/Zuffenhausen
Die Bestimmung der Flugzeugpolaren für Entwurfszwecke. I Teil: Unterlagen
1956, 216 Seiten, 171 Diagr., DM 59,70

HEFT 203
Dr. G. Wandel, Bonn
Uferbewachsung und Lebendverbauung an den Nordwestdeutschen Kanälen und ihren Zuflüssen sowie an der Ruhr *1956, 122 Seiten, 88 Abb., DM 25,70*

HEFT 204
Dipl.-Ing. B. Naendorf, Langenberg (Rhld.)
Bestimmung der Brenneigenschaften und des Brennverhaltens verschiedener Gasarten und Einfluß verschiedener Düsengestaltung
1955, 32 Seiten, DM 7,10

HEFT 205
Dr. C. Schaarwächter, Düsseldorf
Über plastische Kupfer-Eisen-Phosphor-Legierungen
1936, 36 Seiten, 10 Abb., 10 Tabellen, DM 8,30

HEFT 206
Dr. P. Hölemann, Ing. R. Hasselmann und Ing. G. Dix, Dortmund
Untersuchungen über die Vorgänge bei der Zersetzung von in Azeton gelöstem Azetylen
1956, 74 Seiten, 7 Abb., 7 Tabellen, DM 15,55

HEFT 207
Prof. Dr.-Ing. H. Opitz, Dipl.-Ing. K. H. Fröhlich und Dipl.-Ing. H. Siebel, Aachen
Richtwerte für das Fräsen von unlegierten und legierten Baustählen mit Hartmetall. I. Teil
1956, 48 Seiten, 27 Abb., 3 Tabellen, DM 11,10

HEFT 208
Prof. Dr.-Ing. H. Müller, Essen
Untersuchung von Elektrowärmegeräten für Laienbedienung hinsichtlich Sicherheit und Gebrauchsfähigkeit. I. Untersuchungen an Kochplatten
1956, 100 Seiten, 76 Abb., 7 Tabellen, DM 22,70

HEFT 209
Dr. K. Bunge, Leverkusen
Materialabbau in Funkenentladungen. Untersuchungen an Zinkkathoden
1956, 54 Seiten, 10 Abb., 5 Tabellen, DM 11,40

HEFT 210
Dr. W. Porschen und Prof. Dr. W. Riezler, Bonn
Langlebige Alphaaktivitäten bei natürlichen Elementen
1955, 40 Seiten, 5 Abb., 4 Tabellen, DM 8,80

HEFT 211
Prof. Dipl.-Ing. W. Sturtzel und Dr.-Ing. W. Graff, Duisburg
Die Versuchsanstalt für Binnenschiffbau, Duisburg
1956, 48 Seiten, 22 Abb., 11,—

HEFT 212
Dipl.-Ing. H. Spodig, Selm
Untersuchung zur Anwendung der Dauermagnete in der Technik *1955, 44 Seiten, 25 Abb., DM 9,80*

HEFT 213
Dipl.-Ing. K. F. Rittinghaus, Aachen
Zusammenstellung eines Meßwagens für Bau- und Raumakustik *in Vorbereitung*

HEFT 214
Dr.-Ing. J. Endres, München
Berechnung der optimalen Leistungen, Kraftstoffverbräuche und Wirkungsgrade von Einkreis-Turbolader-Strahltriebwerken am Boden und in der Höhe bei Fluggeschwindigkeiten von 0—2000 km/h
1956, 72 Seiten, 18 Abb., 8 Tabellen, DM 15,40

HEFT 215
Prof. Dr.-Ing. H. Opitz und Dr.-Ing. G. Weber, Aachen
Einfluß der Wärmebehandlung von Baustählen auf Spanentstehung, Schnittkraft- und Standzeitverhalten
1956, 80 Seiten, 30 Abb., 10 Tabellen, DM 18,40

HEFT 216
Dr. E. Kloth, Köln
Untersuchungen über die Ausbreitung kurzer Schallimpulse bei der Materialprüfung mit Ultraschall
1956, 90 Seiten, 60 Abb., 4 Tabellen, DM 19,40

HEFT 217
Rationalisierungskuratorium der Deutschen Wirtschaft (RKW), Frankfurt/Main
Typenvielzahl bei Haushaltgeräten und Möglichkeiten einer Beschränkung
1956, 328 Seiten, 2 Abb., 181 Tabellen, DM 49,50

HEFT 218
Dr. F. Keune, Aachen
Bericht über eine Theorie der Strömung um Rotationskörper ohne Anstellung bei Machzahl Eins
1955, 40 Seiten, 8 Abb., 5 Formelblätter, DM 8,80

HEFT 219
Prof. Dr. W. Fuchs, Aachen
Untersuchungen zur Holzabfallverwertung und zur Chemie des Lignins
1955, 54 Seiten, 11 Abb., 15 Tabellen DM 11,40

HEFT 220
Prof. Dr. W. Fuchs, Aachen
Die Entwicklung neuer Regel- und Kontroll-Apparate zur coulometrischen Analyse
1956, 76 Seiten, 17 Abb. 23 Tabellen, DM 15,50

HEFT 221
Dr. W. Meyer-Eppler, Bonn
Experimentelle Untersuchungen zum Mechanismus von Stimme und Gehör in der lautsprachlichen Kommunikation
1955, 56 Seiten, 24 Abb., DM 13,45

HEFT 222
Dr. L. Köllner, Münster, und Dipl.-Volkswirt M. Kaiser, Bochum
Die internationale Wettbewerbsfähigkeit der westdeutschen Wollindustrie
1956, 214 Seiten, DM 39,50

HEFT 223
Dr.-Ing. K. Alberti und Dr. F. Schwarz, Köln
Über das Problem Hartbrand-Weichbrand
1956, 54 Seiten, 25 Abb., 14 Tabellen, DM 12,10

HEFT 224
Dipl.-Ing. H. Stüdeman und Ing. R. Beu, Solingen
Verfahren zur Prüfung der Korrosionsbeständigkeit von Messerklingen aus rostfreiem Stahl
1956, 82 Seiten, 28 Abb., DM 16,90

HEFT 225
Dr.-Ing. E. Barz, Remscheid
Der Spannungszustand von Gattersägeblättern
1956, 74 Seiten, 54 Abb., DM 16,50

HEFT 226
Technisch-wissenschaftliches Büro für die Bastfaserindustrie, Bielefeld
Untersuchungen zur Verbesserung des Leinenwebstuhles IV
Die Wirkung verschiedener Kettbaumbremsen auf die Verwebung von Leinengarnen
1956, 64 Seiten, 9 Abb., 4 Tabellen, DM 13,50

HEFT 227
Prof. Dr. F. Wever, Düsseldorf und Dr. W. Wepner, Köln
Untersuchung der Alterungsneigung von weichen unlegierten Stählen durch Härteprüfung bei Temperaturen bis 300 Grad C
1956, 34 Seiten, 20 Abb., 3 Tabellen, DM 7,95

HEFT 228
Prof. Dr. F. Wever, Dr. W. Koch, Düsseldorf, und Dr. B. A. Steinkopf, Dortmund
Spektrochemische Grundlagen der Analyse von Gemischen aus Kohlenmonoxyd, Wasserstoff und Stickstoff
1956, 42 Seiten, 18 Abb., 1 Tabelle, DM 9,90

HEFT 229
Prof. Dr. F. Wever, Dr. W. Koch und Dr.-Ing. H. Malissa, Düsseldorf
Über die Anwendung disubstituierter Dithiocarbamate der analytischen Chemie
1956, 44 Seiten, 30 Abb., 5 Tabellen, DM 10,50

HEFT 230
Prof. Dr. F. Wever, Düsseldorf, und Dr. W. Wepner, Köln
Bestimmung kleiner Kohlenstoffgehalte im Alpha-Eisen durch Dämpfungsmessung
1956, 34 Seiten, 5 Abb., 2 Tabellen, DM 7,70

HEFT 231
Dr.-Ing. W. Küch, Dortmund
Über die Wechselwirkung zwischen Holzschutzbehandlung und Verleimung
1956, 48 Seiten, 10 Abb., 8 Tabellen, DM 10,40

HEFT 232
Prof. Dr.-Ing. O. Kienzle, Hannover, und Dr.-Ing. H. Münnich, Schweinfurt
Feststellung der Spannungen und Dehnungen und Bruchdrehzahlen der unter Fliehkraft und Bearbeitungskraft beanspruchten Schleifkörper
in Vorbereitung

HEFT 233
Dr. H. Haase, Hamburg
Infrarot-Bibliographie
1956, 90 Seiten, DM 17,80

HEFT 234
Dr.-Ing. K. G. Speith und Dr.-Ing. A. Bungeroth, Duisburg
Versuche zur Steigerung des Kokillen-Schluckvermögens beim Stranggießen von Stahl
1956, 26 Seiten, 5 Abb., DM 6,15

HEFT 235
Prof. Dr.-Ing. K. Leist und Dipl.-Ing. W. Dettmering, Aachen
Turbinenschaufeln aus Kunststoff für Kaltluftversuchsanlagen
1956, 46 Seiten, 43 Abb., 3 Tabellen, DM 12,30

HEFT 236
Dr.-Ing. O. Viertel und S. Lucas, Krefeld
Ergebnisse einer Hausfrauenbefragung über Wascheinrichtungen und Waschmethoden in städtischen Haushaltungen
1956, 34 Seiten, 4 Abb., DM 7,60

HEFT 237
Dr. P. Endler und Dr. H. Ludes, Köln
Bericht über eine Studienreise zur Orientierung der heutigen Behandlung der Lungentuberkulose in den Vereinigten Staaten von Nordamerika
1956, 32 Seiten, DM 7,10

HEFT 238
Institut für textile Meßtechnik, M-Gladbach, e. V.
Untersuchungen der Verzugsvorgänge an den Streckwerken verschiedener Spinnereimaschinen. 3. Bericht: Theoretische Betrachtungen über den Einfluß schlagender Zylinder und Druckrollen
1956, 66 Seiten, 21 Abb., DM 14,10

HEFT 239
Prof. Dr.-Ing. K. Leist und Dipl.-Ing. H. Scheele, Aachen, und Dipl.-Ing. F. H. Flottmann, Herne
Versuche an einem neuartigen luftgekühlten Hochleistungs-Kolbenkompressor
1956, 72 Seiten, 19 Abb., 7 Tabellen, DM 14,40

HEFT 240
Prof. Dr.-Ing. K. Leist und Dipl.-Ing. H. Scheele, Aachen
Temperaturmessungen an einem einstufigen luftgekühlten 4-Zylinder-Kolbenkompressor mit Kühlgebläse
1956, 74 Seiten, 36 Abb., DM 14,80

HEFT 241
Prof. Dr.-Ing. K. Leist und Dipl.-Ing. M. Pötke, Aachen
Leistungsversuche an einem Kühlluftgebläse
1956, 60 Seiten, 13 Abb., DM 11,70

HEFT 242
Prof. Dr.-Ing. K. Leist und Dipl.-Ing. K. Graf, Aachen
Straßenfahrzeuge mit Gasturbinenantrieb
1956, 82 Seiten, 63 Abb., DM 17,20

HEFT 243
Prof. Dr.-Ing. K. Leist und Dipl.-Ing. S. Förster, Aachen
Die französische Kleingasturbine Artouste — 1. Teil
1956, 80 Seiten, 41 Abb., DM 15,85

HEFT 244
Prof. Dr. F. Wever, Dr. W. Koch und Dr. S. Eckhard, Düsseldorf
Erfahrungen mit der spektrochemischen Analyse von Gefügebestandteilen des Stahles
1956, 32 Seiten, 8 Abb., 2 Tabellen, DM 7,80

HEFT 245
Prof. Dr.-Ing. habil. K. Krekeler, Aachen
Das Verbinden von Metallen durch Kunstharzkleber. Teil I: Eigenschaften und Verwendung der Metallklebstoffe
1956, 48 Seiten, 8 Abb., DM 10,25

HEFT 246
Prof. Dr.-Ing. habil. K. Krekeler, Aachen
Das Verbinden von Metallen durch Kunstharzkleber. Teil II: Untersuchungen an geklebten Leichtmetall-Verbindungen
1956, 80 Seiten, 40 Abb., DM 17,50

HEFT 247
Dr. H. Söhngen, Darmstadt
Strömung vor einem Überschall-Laufrad
1956, 26 Seiten, 4 Abb., DM 7,60

HEFT 248
Rheinische Aktiengesellschaft für Braunkohlenbergbau und Brikettfabrikation, Köln
Untersuchung der Bindemitteleigenschaften von Braunkohlenfilteraschen
1956, 176 Seiten, 26 Abb., 30 Tabellen, DM 35,60

HEFT 249
Dr. M.-E. Meffert, Essen
Weitere Kulturversuche Scenedesmus obliquus
1956, 36 Seiten, 5 Abb., 10 Tabellen, DM 8,—

HEFT 250
Dr. F. Schwarz und Dr.-Ing. K. Alberti, Köln
Entwicklung von Untersuchungsverfahren zur Gütebeurteilung von Industriekalken
1956, 36 Seiten, 9 Abb., DM 16,50

HEFT 251
Prof. Dr. H. Bittel, Münster
Zur Statistik der ferromagnetischen Elementarvorgänge und ihren Einfluß auf das Barkhausenrauschen
1956, 52 Seiten, 14 Abb., DM 11,65

HEFT 252
Dipl.-Ing. H. Frings, Geilenkirchen
Die Wirkung abfallender Wetterführung auf Wettertemperatur, Grubengasgehalt und Staubbildung
in Vorbereitung

HEFT 253
Dipl.-Ing. S. Schirmanski, Berghausen
Stand und Auswertung der Forschungsarbeiten über Temperatur- und Feuchtigkeitsgrenzen bei der bergmännischen Arbeit
in Vorbereitung

HEFT 254
Prof. Dr. R. Danneel, Bonn
Quantitative Untersuchungen über die Entwicklung des Ehrlich-Ascitestumors bei Inzuchtmäusen
1956, 52 Seiten, 17 Tabellen, DM 11,75

HEFT 255
Ing. B. v. Schlippe, Bad Nauheim
Strömung von Flüssigkeiten mit temperaturabhängiger Zähigkeit (Kühlung von Öfen)
1956, 54 Seiten, 12 Abb., 4 Tabellen, DM 11,70

HEFT 256
Prof. Dr. C. Schmieden und Dipl.-Math. K. H. Müller, Darmstadt
Die Strömung einer Quellstrecke im Halbraum — eine strenge Lösung der Navier-Stokes-Gleichungen
1956, 40 Seiten, 9 Abb., DM 8,80

HEFT 257
Prof. Dr. G. Lehmann und Dr. J. Tamm, Dortmund
Die Beeinflussung vegetativer Funktionen des Menschen durch Geräusche
1956, 48 Seiten, 25 Abb., 3 Tabellen, DM 11,20

HEFT 258
Dr. H. Paul, Linz (Rhein), und Prof. Dr. O. Graf, Dortmund
Zur Frage der Unfälle im Bergbau
1956, 52 Seiten, 9 Abb., 22 Tabellen, DM 11,20

HEFT 259
Prof. D. W. Linke, Aachen
Strömungsvorgänge in künstlich belüfteten Räumen
1956, 52 Seiten, 37 Abb., 1 Tabelle, DM 11,80

HEFT 260
Prof. Dr. W. Kast, Freiburg (Br.), Prof. Dr. A. H. Stuart und Dipl.-Phys. H. G. Fendler, Hannover
Lichtzerstreuungsmessungen an Lösungen hochpolymerer Stoffe
1956, 70 Seiten, 25 Abb., 5 Tabellen, DM 15,60

HEFT 261
Prof. Dr. W. Kast, Freiburg (Br.)
Feinstruktur-Untersuchungen an künstlichen Zellulosefasern verschiedener Herstellungsverfahren
Teil II: Der Kristallisationszustand
1956, 80 Seiten, 27 Abb., 11 Tabellen, DM 17,20

HEFT 262
Dr.-Ing. W. Batel, Aachen
Untersuchungen zur Absiebung feuchter, feinkörniger Haufwerke und Schwingsieben
1956, 100 Seiten, 45 Abb., 5 Tabellen, DM 23,40

HEFT 263
Prof. Dr. H. Lange und Dipl.-Phys. R. Kohlhaas, Köln
Über die Wärmeleitfähigkeit von Stählen bei hohen Temperaturen: Teil I: Literaturbericht
1956, 48 Seiten, 26 Abb., 8 Tabellen, DM 10,70

HEFT 264
Prof. Or. W. Weizel, Bonn
Durch schnelle Funkenzusammenbrüche ausgelöste Signale auf einer Leitung
1956, 26 Seiten, 4 Abb., 3 Tabellen, DM 6,10

HEFT 265
Prof. Dr. F. Micheel und Dr. R. Engel, Münster
Eine Apparatur zur elektrophoretischen Trennung von Stoffgemischen
1956, 38 Seiten, 21 Abb., DM 9,20

HEFT 266
Fliesen-Beratungsstelle Bad Godesberg-Mehlem
Güteeigenschaften keramischer Wand- und Bodenfliesen und deren Prüfmethoden
1956, 32 Seiten, DM 7,10

HEFT 267
Prof. Dr. W. Weizel und B. Brandt, Bonn
Zur Stabilität stromstarker Glimmentladungen
1956, 36 Seiten, 7 Abb., DM 8,40

HEFT 268
Prof. Dr.-Ing. G. Vogelpohl, Göttingen
Über die Tragfähigkeit von Gleitlagern und ihre Berechnung
1956, 76 Seiten, 24 Abb., 7 Tabellen, DM 16,85

HEFT 269
Markscheider R. Bals, Bochum
Eignung des Gebirgsankerausbaus zur Erleichterung des Streckenvortriebs im Steinkohlenbergbau
1956, 84 Seiten, 41 Abb., DM 18,75

HEFT 270
Dr. H. Krebs und Mitarbeiter, Bonn
Die Trennung von Racematen auf chromatographischem Wege
1956, 62 Seiten, 18 Tabellen, DM 12,95

HEFT 271
Prof. Dr.-Ing. H. Opitz und Dipl.-Ing. H. Axer, Aachen
Beeinflussung des Verschleißverhaltens bei spanenden Werkzeugen durch flüssige und gasförmige Kühlmittel und elektrische Maßnahmen
1956, 46 Seiten, 28 Abb., DM 10,70

HEFT 272
Prof. Dr. W. Fuchs und Dr. H. Dresia, Aachen
Untersuchungen über die Schnellverbrennung und Schnellvergasung fester Brennstoffe
1956, 56 Seiten, 14 Abb., 3 Tabellen, DM 11,90

HEFT 273
Fa. K. W. Tacke G.m.b.H., Wuppertal-Barmen
Erfahrungen beim Verspinnen von Perlonfasern und bei der Herstellung von Trikotagen aus gesponnenem Perlon
1956, 36 Seiten, DM 7,90

HEFT 274
Prof. Dr.-Ing. K. Krekeler, Aachen
Qualitative Untersuchungen bei Verbindungsschweißungen mittels Lichtbogenschweißautomaten unter Verwendung von Blankdraht und Zugabe von ferromagnetischem Pulver als Umhüllung
1956, 68 Seiten, 40 Abb., 8 Tabellen, DM 15,45

HEFT 275
Prof. Dr.-Ing. habil. K. Krekeler, Aachen, und Dipl.-Ing. H. Verhoeven, Aachen
Quantitative Untersuchungen von Punktschweißverbindungen an Tiefzieh- und Aluminiumblechen, die nach dem Argonarc-Punktschweißverfahren hergestellt werden
1956, 64 Seiten, 45 Abb., DM 14,60

HEFT 276
Fa. E. Haage, Mülheim (Ruhr)
Entwicklungsarbeiten im Apparatebau für Laboratorien
1956, 48 Seiten, 18 Abb., DM 10,50

HEFT 277
Dr.-Ing. W. Müchler, Essen
Untersuchung und zahlenmäßige Bestimmung der Schneideigenschaften von Messern und besonderer Berücksichtigung rostfreier Messerstähle
1956, 60 Seiten, 27 Abb., 5 Tabellen, DM 13,20

HEFT 278
Dipl.-Ing. J. Stelter und Dipl.-Ing. H. Kickert, Aachen
I. Sichtbarmachung von Ultraschallfeldern unter Verwendung photographischer Emulsionsschichten
II. Methode zur Bestimmung der wirklichen Temperaturverhältnisse in Flüssigkeiten während der Beschallung (Nach einer Diplom-Arbeit von H. Schnitzler)
1956, 54 Seiten, 24 Abb., DM 12,75

HEFT 279
Dr. F. Keune, Aachen
Der gewölbte und verwundene Tragflügel ohne Dicke in Schallnähe
1956, 42 Seiten, 15 Abb., DM 9,25

HEFT 280
Dipl.-Ing. J. Stelter und Dipl.-Ing. E. Pfende, Aachen
Über Störerscheinungen bei Schallgeschwindigkeitsmessungen mittels der Interferometermethode
1956, 42 Seiten, 13 Abb., DM 9,60

HEFT 281
Prof. Dr.-Ing. K. Lürenbaum, Aachen
Der Meßwagen des Instituts für Maschinen-Dynamik der Deutschen Versuchsanstalt für Luftfahrt, Aachen
1956, 34 Seiten, 17 Abb., DM 8,60

HEFT 282
Bergrat a. D. Scherer, Bochum
Das B. T.-Schwelverfahren und seine Anwendung auf der Anlage Marienau
1956, 44 Seiten, 7 Abb., DM 9,60

HEFT 283
Prof. Dr. F. Wever und Dr.-Ing. W. Lueg, Düsseldorf
Warmstauchversuche zur Ermittlung der Formänderungsfestigkeit von Gesenkschmiede-Stählen
1956, 44 Seiten, 19 Abb., DM 9,90

Heft 284
Prof. Dr. F. Wever, Düsseldorf, Dr.-Ing. H. J. Wiester, Essen, Dr.-Ing. F. W. Straßburg, Duisburg, Prof. Dr.-Ing. H. Opitz, Aachen, und Dr.-Ing. K. H. Fröhlich, Köln
Einfluß des Gefüges auf die Zerspanbarkeit von Einsatz- und Vergütungsstählen
in Vorbereitung

HEFT 285
Prof. Dr.-Ing. O. Kienzle, Dr.-Ing. K. Lange, Hannover, und Dipl.-Ing. H. Meinert, Osterode
Einfluß der Oberfläche auf das Verschleißverhalten von Schmiedegesenken
1956, 62 Seiten, 29 Abb., 8 Tabellen, DM 14,60

HEFT 286
Dr.-Ing. K. Lange, Hannover, Dipl.-Ing. H. Meinert, Osterode, unter Mitarbeit von Dr.-Ing. H. Arend, Mülheim (Ruhr)
Verschleißverhalten hartverchromter Schmiedegesenke
1956, 74 Seiten, 53 Abb., 6 Tabellen, DM 17,65

HEFT 287
Prof. Dr.-Ing. habil. K. Krekeler, Aachen
Änderungen der mechanischen Eigenschaftswerte thermoplastischer Kunststoffe bei Beanspruchung in verschiedenen Medien
1956, 62 Seiten, 23 Abb., 5 Tabellen, DM 13,70

HEFT 288
Dr. K. Brücker-Steinkuhl, Düsseldorf
Anwendung mathematisch-statischer Verfahren in der Industrie
1956, 103 Seiten, 27 Abb., 14 Tabellen, DM 24,20

HEFT 289
Prof. Dr.-Ing. H. Winterhager, Aachen
Kombinierter Widerstands- und Lichtbogen-Vakuumofen zur Verarbeitung von Titanschwamm
Prof. Dr. Dr. h. c. R. Schwarz, Aachen
Erforschung neuer Wege zur Darstellung von Titanmetall
in Vorbereitung

HEFT 290
Dr. D. Horstmann, Düsseldorf
I. Der verstärkte Angriff des Zinks auf Eisen im Temperaturgebiet um 500° C
II. Einfluß eines Antimongehaltes auf den Angriff von Zinkschmelzen auf Eisen
1956, 48 Seiten, 33 Abb., 3 Tabellen, DM 11,90

HEFT 291
Dr.-Ing. H. J. Wiester und Dr. D. Horstmann, Düsseldorf
Der Angriff eisengesättigter Zinkschmelzen auf silizium- und manganhaltiges Eisen
1956, 52 Seiten, 45 Abb., 8 Tabellen, DM 12,60

HEFT 292
Dipl.-Ing. W. Rohs und Text.-Ing. H. Griese, Bielefeld
Webversuche an Leinenwebstühlen mit verbesserter Schaftbewegung
1956, 34 Seiten, 3 Abb., 2 Tabellen, DM 7,60

HEFT 293
Prof. J. W. Korte, unter Mitarbeit von Dipl.-Ing. P. A. Mäcke und Dipl.-Ing. W. Leutzbach, Aachen
Die Leistungsfähigkeit von Verkehrsanlagen des motorisierten städtischen Straßenverkehrs
1956, 98 Seiten, 35 Abb., 5 Tabellen, 1 Falttafel, DM 22,50

HEFT 294
Dipl.-Ing. B. Naendorf, Essen
Untersuchungen industrieller Gasbrenner
1956, 58 Seiten, 6 Abb., 3 Tabellen, DM 12,40

HEFT 295
Prof. Dr.-Ing. H. Opitz und Dipl.-Ing. H. Axer, Aachen
Untersuchung und Weiterentwicklung neuartiger elektrischer Bearbeitungsverfahren
1956, 42 Seiten, 27 Abb., DM 10,30

HEFT 296
Prof. Dr.-Ing. H. Opitz, Aachen
I. Untersuchungen an elektronischen Regelantrieben
II. Statische Untersuchungen zur Ausnutzung von Drehbänken
1956, 46 Seiten, 18 Abb., DM 10,40

HEFT 297
Dr. K. Schaarwächter, Düsseldorf
Die Reduktion von Siliziumtetrachlorid im Lichtbogen zur nachfolgenden Silizierung von Eisenblechen
in Vorbereitung

HEFT 298
Prof. Dr.-Ing. E. Oehler, Aachen
Untersuchung von kritischen Drehzahlen, die durch Kreiselmomente verursacht werden
1956, 50 Seiten, 35 Abb., DM 13,15

HEFT 299
Dr. J. Fassbender und W. Hoppe, Bonn
Eine photoelektrische Nachlaufeinrichtung für Analogie-Rechenmaschinen
1956, 20 Seiten, 8 Abb., DM 7,65

HEFT 300
Prof. Dr.-Ing. E. Schütz und Privatdozent Dr. H. Caspers, Münster
Tierexperimentelle Untersuchungen über die Alkoholwirkungen auf Erregbarkeit und bioelektrische Spontanaktivität der Hirnrinde
1956, 44 Seiten, 6 Abb., 1 Tabelle, DM 9,55

HEFT 301
Prof. Dr. W. Weltzien, Dr. G. Cossmann und P. Diehl, Krefeld
Über die fraktionierte Füllung von Polyamiden (II)
1956, 54 Seiten, 1 Abb., 16 Tabellen, DM 11,30

HEFT 302
Prof. Dr.-Ing. W. Wegener und Dipl.-Ing. Willi Zahn, Aachen
Untersuchungen von gesponnenen Garnen auf ihre Gleichmäßigkeit nach verschiedenen Meßmethoden
in Vorbereitung

HEFT 303
Prof. Dr. Ing. S. Kiesskalt, Aachen
Das Institut der Forschungsgesellschaft Verfahrenstechnik e. V. an der Technischen Hochschule Aachen
1956, 76 Seiten, 20 Abb., 3 Tabellen, DM 16,40

HEFT 304
Prof. Dr.-Ing. K. Krekeler, Düsseldorf, und Dipl.-Ing. A. Kleine-Albers, Aachen
Beitrag zur thermoelastischen Warmformbarkeit von Hart PVC
in Vorbereitung

HEFT 305
Prof. Dr.-Ing. K. Krekeler, Düsseldorf, Dr.-Ing. H. Peukert, Aachen, und Dipl.-Ing. W. Schmitz, Siegburg
Heißgas-Schweißung von Hart-Polyvinylchlorid mit Zusatzwerkstoff
1956, 44 Seiten, 27 Abb., 5 Tabellen, DM 12,50

HEFT 306
Prof. Dr. B. Rensch, Münster
Elektrophysiologische Untersuchungen zur Analysierung der Bildung von Assoziationen und Gedächtnisspuren in Gehirn und Rückenmark
Prof. Dr. A. Loeser, Münster
Akute und chronische Giftwirkungen sauerstoffhaltiger Lösungsmittel
1956, 36 Seiten, 9 Abb., DM 8,90

HEFT 307
Privatdozent Dr. J. Juilfs, Krefeld
Vergleichende Untersuchungen zur elastischen und bleibenden Dehnung von Fasern
1956, 36 Seiten, 11 Abb., DM 8,30

HEFT 308
Privatdozent Dr. J. Juilfs, Krefeld
Zur Messung der Fadenglätte
1956, 22 Seiten, 10 Abb., 2 Tabellen, DM 8,—

HEFT 309
Prof. Dr. K. Cruse und Mitarbeiter, Clausthal-Zellerfeld
Aufbau und Arbeitsweise eines universell verwendbaren Hochfrequenz-Titrationsgerätes
1957, 48 Seiten, 29 Abb., DM 11,90

HEFT 310
Dr. P. F. Müller, Bonn
Die Integrieranlage des Rheinisch-Westfälischen Instituts für Instrumentelle Mathematik in Bonn
1956, 62 Seiten, 6 Abb., 30 Satzskizzen, DM 14,45

HEFT 311
Prof. Dr. F. Wever und Dr. M. Hempel, Düsseldorf
Dauerschwingfestigkeit von Stählen bei erhöhten Temperaturen
Teil I: Erkenntnisse aus bisherigen Dauerschwingversuchen in der Wärme
1956, 48 Seiten, 19 Abb., 2 Tabellen, DM 10,90

HEFT 312
Prof. Dr. F. Wever und Dr. M. Hempel, Düsseldorf
Dauerschwingfestigkeit von Stählen bei erhöhten Temperaturen
Teil II: Zug-Druck-Dauerschwingversuche an zwei warmfesten Stählen bei Temperaturen von 500 bis 650°
1956, 48 Seiten, 20 Abb., 3 Tabellen, DM 11,80

HEFT 313
*Prof. Dr. F. Wever, Dr. W. Koch und
Dipl.-Phys. H. Rohde, Düsseldorf*
Änderungen des Habitus und der Gitterkonstanten des
Zementits in Chromstählen bei verschiedenen Wärmebehandlungen
1956, 88 Seiten, 29 Abb., 8 Tabellen, DM 20,90

HEFT 314
*Prof. Dr. F. Wever und Dr.-Ing. A. Krisch, Düsseldorf,
und Dr.-Ing. H.-J. Wiester, Essen*
Veränderungen im Gefügeaufbau von Chrom-Nickel-
Molybdän-Stählen bei langzeitiger Beanspruchung im
Zeitstandversuch bei 500°
1956, 48 Seiten, 26 Abb., 5 Tabellen, DM 11,70

HEFT 315
Prof. Dr. F. Wever und Dr.-Ing. A. Krisch, Düsseldorf
Metallkundliche Untersuchungen an Zeitstandproben
1956, 38 Seiten, 12 Abb., DM 9,15

HEFT 316
Dr. F. Keune, Aachen
Zusammenfassende Darstellung und Erweiterung des
Aequivalenzsatzes für schallnahe Strömung
1956, 80 Seiten, 22 Abb., DM 17,90

HEFT 317
Dr.-Ing. J. Stelter, Aachen
Mikrobiologische Ultraschallwirkungen
in Vorbereitung

HEFT 318
Dipl.-Ing. H. Kickert, Aachen
Über die Ausbreitung von Ultraschall in Luft
in Vorbereitung

HEFT 319
Prof. Dr. C. Kröger, Aachen
Gemengereaktionen und Glasschmelze
in Vorbereitung

HEFT 320
Dr. H.-E. Caspary, Köln
Verwendung von Szintillationszählern anstelle von
Zählrohren zur zerstörungsfreien Materialprüfung
1956, 42 Seiten, 13 Abb., 2 Tabellen, DM 10,10

HEFT 321
*Prof. Dr. F. Wever, Düsseldorf, und
Dr. W. Wepner, Köln*
Gleichzeitige Bestimmung kleiner Kohlenstoff- und
Stickstoffgehalte im α-Eisen durch Dämpfungsmessung
1956, 30 Seiten, 3 Abb., 4 Tabellen, DM 6,80

HEFT 322
*Prof. Dr.-Ing. F. Bollenrath und
Dipl.-Ing. W. Domke, Aachen*
Eigenspannungen in vergüteten, dickwandigen Stahlzylindern nach Oberflächenhärtung mit induktiver Erwärmung
1956, 30 Seiten, 9 Abb., 2 Tabellen, DM 6,90

HEFT 323
Prof. Dr. R. Seyffert, Köln
Wege und Kosten der Distribution der Textilien, Schuh-
und Lederwaren
1956, 98 Seiten, 37 Tabellen, 1 Falttaf., DM 12,—

HEFT 324
*Prof. Dr.-Ing. H. Opitz, Dr.-Ing. E. Saljé und
Dipl.-Ing. K. E. Schwartz, Aachen*
Richtwerte für das Außenrund-Längs- und Einstechschleifen
1956, 62 Seiten, 44 Abb., 2 Tabellen, DM 13,85

HEFT 325
Prof. Dr. E. Schratz, Münster
Pharmakognostische Untersuchungen am Medizinal-
Rhabarber
in Vorbereitung

HEFT 326
Prof. Dr.-Ing. E. Essers und Mitarbeiter, Aachen
Deichselkräfte an Lastzügen
in Vorbereitung

HEFT 327
*Prof. Dr.-Ing. habil. K. Krekeler und
Dr.-Ing. H. Peukert, Aachen*
Beitrag zur thermoelastischen Formbarkeit von Polyäthylen
1956, 56 Seiten, 49 Abb, 9 Tabellen, DM 12,80

HEFT 328
Dr. H. Maeder, Belo Horizonte
Schweißen von Temperguß
in Vorbereitung

HEFT 329
*Dipl.-Ing. A. Krüger, Karlsruhe, und Feuerwehr-Ing.
R. Radusch, Dortmund*
Wasserzerstäubung im Strahlrohr
1956, 86 Seiten, 21 Abb., 3 Tabellen, DM 18,65

HEFT 330
Dipl.-Physiker E. Pepping, Aachen
Die Durchflußzahl des Rechteckschlitzes in einer sehr
großen Wand
in Vorbereitung

HEFT 331
Dipl.-Ing. G. Bretschneider, Ruit
Die Messung der wiederkehrenden Spannung mit Hilfe
des Netzmodelles
in Vorbereitung

HEFT 332
Prof. Dr.-Ing. R. Jaeckel und Dr. G. Reich, Bonn
Messung von Dampfdrucken im Gebiet unter 10^{-3} Torr
1956, 42 Seiten, 16 Abb., 2 Tabellen, DM 10,40

HEFT 333
*Prof. Dipl.-Ing. W. Sturtzel und
Dr.-Ing. W. Graff, Duisburg*
I. Der Flachwassereinfluß auf den Form- und Reibungswiderstand von Binnenschiffen
II. Der Flachwassereinfluß auf die Nachstrom- und
Sogverhältnisse bei Binnenschiffen
1956, 44 Seiten, 14 Abb., DM 9,80

HEFT 334
Prof. Dr. W. Weizel und Dr. G. Meister, Bonn
Spektralanalyse durch Messung des Interferenz-Kontrastes
1956, 42 Seiten, DM 9,80

HEFT 335
Prof. Dr. W. Weizel und H. Hornberg, Bonn
Untersuchungen der anodischen Teile einer Glimmentladung
in Vorbereitung

HEFT 336
Dr. Tung-ping Yao, Aachen
Die Viskosität metallischer Schmelzen
in Vorbereitung

HEFT 337
Dr. R. Hoeppener und Dr. W. Bierther, Bonn
Tektonik und Lagestätten im Rheinischen Schiefergebirge
in Vorbereitung

HEFT 338
*Prof. Dr.-Ing. W. Wegener, Aachen, und
Dipl.-Ing. J. Schneider, M.-Gladbach*
Die Bedeutung der Knotenart für die Herabminderung
der Fadenbrüche
1957, 40 Seiten, 6 Abb., DM 9,80

HEFT 339
*Prof. Dr.-Ing. W. Wegener und
Dipl.-Ing. W. Zahn, Aachen*
Vergleich des normalen mit verschiedenen abgekürzten
Baumwollspinnverfahren in bezug auf Gleichmäßigkeit
und Sortierungsstreuung der Garne
1956, 56 Seiten, 17 Abb., 17 Tabellen, DM 12,70

HEFT 340
Dipl.-Ing. W. Rohs und Dipl.-Ing. R. Otto, Bielefeld
Das Naßspinnen von Bastfasergarnen mit Spinnbadzusätzen unter Ausnutzung einer zentralen Spinnwasserversorgungsanlage
1956, 56 Seiten, 2 Abb., 6 Tabellen, DM 11,60

HEFT 341
*Prof. Dr.-Ing. H. Winterhager und Dipl.-Ing. L. Werner,
Aachen*
Präzisions-Meßverfahren zur Bestimmung des elektrischen Leitvermögens geschmolzener Salze
1956, 44 Seiten, 19 Abb., 1 Tabelle, DM 10,60

HEFT 342
*Prof. Dr.-Ing. H. Winterhager und Dipl.-Ing. W. Barthel,
Aachen*
Die Gewinnung von Titanschlackenkonzentraten aus
eisenreichen Ilemniten
in Vorbereitung

HEFT 343
*Prof. Dr.-Ing. W. Petersen, Aachen, und Dipl.-Ing.
S. Wawroschek, Aachen*
Die zweckmäßigsten Gütebestimmungsverfahren und
Brikettierungsbedingungen bei der Erzeugung von
Braunkohlen-Eisenerz-Briketts
1956, 64 Seiten, 28 Abb., DM 13,95

HEFT 344
Prof. Dr.-Ing. W. Fucks, Aachen
Zur Deutung einfachster mathematischer Sprachcharakteristiken
1956, 38 Seiten, 12 Abb., DM 7,80

HEFT 345
Dipl.-Ing. G. Cerbe und Dipl.-Ing. H. Monstadt, Essen
Konvektive Trocknung mit gasbeheizter Luft und
Trocknung durch Gasstrahler
in Vorbereitung

HEFT 346
Dipl.-Ing. O. Arnold, Aachen
Erfahrungen mit Kernbohrungen zur Lagerstättenuntersuchung im Erzbergbau
in Vorbereitung

HEFT 347
S. Ruff, F. Kipp, H. Hansteen und G. Müller, Bonn
Untersuchungen zur Frage der Gehörschädigungen des
fliegenden Personals der Propellerflugzeuge
in Vorbereitung

HEFT 348
*Prof. Dr.-Ing. E. Piwowarsky
und Dr.-Ing. E. G. Nickel, Aachen*
Metallurgie eines hochwertigen Gußeisens mit kompakter bis kugelförmiger Graphitausbildung
in Vorbereitung

HEFT 349
*Dr.-Ing. W. A. Fischer, Dr.-Ing. H. Treppschuh
und Dr.-Ing. K. H. Köthemann, Düsseldorf*
Tiegel aus Schmelzmagnesia für Vakuuminduktionsöfen
in Vorbereitung

HEFT 350
*Prof. Dr.-Ing. habil. K. Krekeler
und Dr.-Ing. H. Peukert, Aachen*
Das Spannungsverhalten der Kunststoffe bei der Verarbeitung
in Vorbereitung

HEFT 351
*Prof. Dr.-Ing. H. Opitz, Dipl.-Ing. H. Axer und
Dipl.-Ing. H. Rhode, Aachen*
Zerspanbarkeit hochwarmfester und nichtrostender
Stähle. Teil I
in Vorbereitung

HEFT 352
Dipl.-Ing. H. Fauser, Aachen
Fahrdynamik und Batterie-Arbeitsverbrauch von
Akkumulatorenlokomotiven im Untertagebetrieb
in Vorbereitung

HEFT 353
Forschungsinstitut für Rationalisierung, Aachen
Schlagwortregister zur Rationalisierung
in Vorbereitung

HEFT 354
Dipl.-Ing. D. Wagener, Aachen
Auswirkungen neuer Gaserzeugungs-Verfahren unter
Berücksichtigung der Auswirkung auf den Kokereibetrieb
in Vorbereitung

HEFT 355
*Prof. Dr.-Ing. habil. K. Krekeler, Dr.-Ing. H. Peukert und
Dipl.-Ing. A. Kleine-Albers, Aachen*
Heißgas-Schweißungen von Weich-Polyvinylchlorid
mit Zusatzwerkstoff
in Vorbereitung

HEFT 356
Dipl.-Phys. G. Gurke, Aachen
Aufbau einer Meßanlage für Untersuchungen elektrischer Gasentladung im Bereiche großer p. d.-Werte
1956, 38 Seiten, 13 Abb., DM 8,65

HEFT 357
Prof. Dr.-Ing. W. Fucks, Aachen
Mathematische Analyse der Formalstruktur von Musik
in Vorbereitung

HEFT 358
*Prof. Dr. rer. nat. W. Weltzien, Dipl.-Chem. P. Ringel
und Text.-Ing. H. Kirchhoff, Krefeld*
Die Waschechtheit von Färbungen. Vergleichende Untersuchungen auf dem Gebiete der Echtheitsprüfung
in Vorbereitung

HEFT 359
Dr.-Ing. F. J. Meister, Düsseldorf
Veränderung der Hörschärfe, Lautheitsempfindung
und Sprachaufnahme während des Arbeitsprozesses bei
Lärmarbeitern
in Vorbereitung

HEFT 360
Dr.-Ing. E. Barz, Remscheid
Fertigungsverfahren und Spannungsverlauf bei Kreissägeblättern für Holz
in Vorbereitung

HEFT 361
Dipl.-Ing. H. F. Klein, Aachen
Die nichtstationären Strömungsvorgänge und der
Wärmeübergang in einem Schwingfeuergerät
in Vorbereitung

HEFT 362
*Prof. Dr. med. G. Lehmann und Dipl.-Phys.
D. Dieckmann, Dortmund*
Die Wirkung mechanischer Schwingungen (0,5 bis
100 Hertz) auf den Menschen
in Vorbereitung

WESTDEUTSCHER VERLAG · KÖLN UND OPLADEN

HEFT 363
Dr.-Ing. U. Domm, Frankenthal (Pfalz)
Über eine Hypothese, die den Mechanismus der Turbulenz-Entstehung betrifft
28 Seiten, 4 Abb., DM 6,45

HEFT 364
Prof. Dr. Th. Beste, Köln
Die Mehrkosten bei der Herstellung ungängiger Erzeugnisse im Vergleich zur Herstellung vereinheitlichter Erzeugnisse
in Vorbereitung

HEFT 365
Sozialforschungsstelle an der Universität Münster, Dortmund
Standort und Wohnort
in Vorbereitung

HEFT 366
Versuchsanstalt für Binnenschiffbau e. V., Duisburg
Bei Flachwasserfahrten durch die Strömungsverteilung am Boden und an den Seiten stattfindende Beeinflussung des Reibungswiderstandes von Schiffen
in Vorbereitung

HEFT 367
Dr. rer. nat. D. Horstmann, Düsseldorf
Der Angriff eisengesättigter Zinkschmelzen auf kohlenstoff-, schwefel- und phosphorhaltiges Eisen
in Vorbereitung

HEFT 368
Prof. Dr. phil. H. Kaiser, Dortmund
Entwicklung betriebsmäßiger spektrochemischer Analysenverfahren für technische Gläser
in Vorbereitung

HEFT 369
Prof. Dr.-Ing. R. Jaeckel und Dipl.-Phys. F. J. Schittko, Bonn
Gasabgabe von Werkstoffen ins Vakuum
in Vorbereitung

HEFT 370
Dr. phil. habil. F. Schwarz, Köln
Physikochemische Grundlagen der Bildsamkeit von Kalken unter Einbeziehung des Begriffes der aktiven Oberfläche
in Vorbereitung

HEFT 371
Dr. phil. W. Lejeune, Köln
Beitrag zur statistischen Verifikation der Minderheiten-Theorie
in Vorbereitung

HEFT 372
Prof. Dr. phil. M. von Stackelberg, Bonn
Untersuchungen zur Ausarbeitung und Verbesserung von polarographischen Analysenmethoden. 2. Bericht
in Vorbereitung

HEFT 373
Dipl.-Ing. H. J. Koch, Essen
Druckgasfeuerung — ein Verfahren zum Betrieb von Gasfeuerstätten
in Vorbereitung

HEFT 374
Dr. E. Paproth, Krefeld
Paläontologische Bearbeitung der in den devonischen Schichten des Siegerlandes enthaltenen Faunen
in Vorbereitung

HEFT 375
Technischer Überwachungsverein e. V., Essen
Wanddickenmessungen mittels radioaktiver Strahlen und Zählrohrgerät
in Vorbereitung

HEFT 376
Technischer Überwachungsverein e. V., Essen
Wasserumlaufprobleme an Hochdruckkesseln
in Vorbereitung

HEFT 377
Technischer Überwachungsverein e. V., Essen
Versuche an Wanderrostkesseln mit befeuchteter Verbrennungsluft
in Vorbereitung

HEFT 378
Oberingenieur H. Stein, M.-Gladbach
Beobachtung und maßtechnische Erfassung der Vorgänge im Spinn- und Aufwindefeld von Ringspinn- und Ringzwirnmaschinen
in Vorbereitung

HEFT 379
Laboratorium für textile Meßtechnik, M.-Gladbach
Schußfadenspannung beim Weben
in Vorbereitung

HEFT 380
Dipl.-Phys. R. Trappenberg, Karlsruhe
Theoretische und experimentelle Untersuchungen zur Staubverteilung einer Rauchfahne
in Vorbereitung

HEFT 381
Dr. J. Juils, Krefeld
Zur Dichtebestimmung von Fasern. Methoden und Beispiele der praktischen Anwendung
in Vorbereitung

HEFT 382
Dr. phil. habil. P. Hölemann, Ing. R. Hasselmann und Ing. G. Dix, Dortmund
Die Messung von Flammen und Detonationsgeschwindigkeiten bei der explosiven Zersetzung von Acetylen in Rohren
in Vorbereitung

HEFT 383
Dr. phil. habil. P. Hölemann und Ing. R. Hasselmann, Dortmund
Verlauf von Azetylenexplosionen in Rohren bei Gegenwart von porösen Massen
in Vorbereitung

HEFT 384
Prof. Dr.-Ing. H. Opitz, Aachen
Schwingungsuntersuchungen an Werkzeugmaschinen
in Vorbereitung

HEFT 385
Prof. Dr.-Ing. H. Opitz, Aachen
Zerspanbarkeit hochwarmfester und nichtrostender Stähle. Teil II
in Vorbereitung

HEFT 386
Prof. Dr.-Ing. H. Opitz, Aachen
Standzeituntersuchungen und Verschleißmessungen mit radioaktiven Isotopen
in Vorbereitung

HEFT 387
Prof. Dr. med. W. Kikuth und Dozent Dr. med. L. Grün, Düsseldorf
Die Verhütung von Infektion durch Desinfektion des Raumes und der Raumluft
in Vorbereitung

HEFT 388
Prof. Dr. rer. nat. habil. W. Baumeister und Dr. rer. nat. H. Burghardt, Münster
Die Bedeutung der Elemente Zink und Fluor für das Pflanzenwachstum
in Vorbereitung

HEFT 389
Prof. Dr.-Ing. habil. H. Fink und K. W. Hoppenhaus, Köln
Die biologische Eiweiß-Synthese von höheren und niederen Pilzen und die alimentäre Lebernekrose der Ratte
in Vorbereitung

HEFT 390
Dr.-Ing. J. Endres und Dr.-Ing. G. Hiebel, München
Berechnung der optimalen Leistungen, Kraftstoffverbräuche und Wirkungsgrade von Luftfahrt-Gasturbinen-Triebwerken am Boden und in der Höhe bei Fluggeschwindigkeiten von 0—2000 km/h und bei vorgegebenen Düsenausströmgeschwindigkeiten
in Vorbereitung

HEFT 391
Prof. Dr. phil. F. Wever, Dr. phil. W. Koch und Dipl.-Chem. F. Stricker, Düsseldorf
Die quantitative spektrographische Analyse von Gasgemischen aus Kohlenmonoxyd, Wasserstoff und Stickstoff
in Vorbereitung

HEFT 392
Prof. Dr. phil. F. Wever u. a., Düsseldorf
Untersuchungen über den Konverterrauch im Hinblick auf die spektrale Überwachung des Thomasprozesses
in Vorbereitung

HEFT 393
Dr.-Ing. O. Viertel und S. Brückner-Lucas, Krefeld
Arbeitszeitstudien an Haushaltwaschmaschinen
in Vorbereitung

HEFT 394
Privatdozent Dr. med. W. Koch, Münster
Die Ablagerung radioaktiver Substanzen im Knochen
in Vorbereitung

HEFT 395
Dipl.-Ing. L. Hahn, Clausthal-Zellerfeld
Untersuchungen zur Frage des optimalen Bohrloch- und Patronendurchmessers
in Vorbereitung

HEFT 396
Prof. Dr.-Ing. F. Schultz-Grunow, Dr.-Ing. A. Jogerich, Essen, Dipl.-Ing. H. Meyer, cand. ing. P. Sand, Aachen
Untersuchungen des Luftwiderstandes von Güterwagen
in Vorbereitung

HEFT 397
Techn.-Wissenschaftliches Büro für die Bastfaserindustrie, Bielefeld
Ungleichmäßigkeiten in Bändern von Bastfaserkarden, ihre Ursachen und Auswirkungen
in Vorbereitung

HEFT 398
Prof. Dr. habil. H. E. Schwiete, Aachen, u. a.
Einlagerungsversuche an synthetischem Mullit I. — Die Zusammensetzung der Schmelzphase in Schamottesteinen I
in Vorbereitung

HEFT 399
Prof. Dr. habil. H. E. Schwiete und Dr.-Ing. R. Vinkeloe, Aachen
Möglichkeiten der quantitativen Mineralanalyse mit dem Zählrohrgerät unter besonderer Berücksichtigung der Mineralgehaltsbestimmung von Tonen
in Vorbereitung

HEFT 400
Prof. Dr. phil. W. Fuchs und Dipl.-Chem. H. Weyerstrass, Aachen
Entwicklung eines Heißfilters zur Reinigung von Gichtgas eines mit Kohle betriebenen Niederschachtofens
in Vorbereitung

HEFT 401
Prof. Dr.-Ing. M. Lipp und Dipl.-Chem. G. Frielingsdorf, Aachen
Darstellung reaktionsfähiger Verbindungen des Camphansystems und Versuche zu deren Fluorierung
in Vorbereitung

HEFT 402
Prof. Dr. W. Linke, Aachen
Die Wärmeübertragung durch Thermopane-Fenster
in Vorbereitung

HEFT 403
Prof. Dr.-Ing. P. Denzel und Dipl.-Ing. W. Cremer Aachen
Verbesserung der Benutzungsdauer der Höchstlast in ländlichen Netzen durch Anwendung elektrischer Geräte in der Landwirtschaft
in Vorbereitung

HEFT 404
Prof. Dr. R. Jaeckel und Dipl.-Phys. F. Gross, Bonn
Die Löslichkeit von Gasen in schwerflüchtigen organischen Flüssigkeiten
in Vorbereitung

HEFT 405
Prof. Dr.-Ing. H. Opitz und Dipl.-Ing. H. Schuler, Aachen
Untersuchungen für einen Wirtschaftlichkeitsvergleich der Feinbearbeitungsverfahren
in Vorbereitung

HEFT 406
W. Kirsch, Remscheid
Entwicklungsarbeiten auf dem Gebiete des Korrosionsschutzes
in Vorbereitung

HEFT 407
Prof. Dr.-Ing. H. Schenk, Aachen und Dr.-Ing. W. Wenzel, Bad Godesberg
Entwicklungsarbeiten auf dem Gebiete der Verhüttung von Erzstaub in Schmelzkammern
in Vorbereitung

HEFT 408
Prof. Dr. phil. F. Wever, Dr.-Ing. W. Lueg und Dr.-Ing. H. G. Müller, Düsseldorf
Kraft- und Arbeitsbedarf beim Warmscheren von Stahl in Abhängigkeit von Temperatur und Schnittgeschwindigkeit
in Vorbereitung

WESTDEUTSCHER VERLAG · KÖLN UND OPLADEN

HEFT 409
Prof. Dr. phil. F. Wever, Dr. phil. W. Koch, Dr. rer. nat. Ch. Ilschner-Gensch und Dipl.-Phys. H. Rohde, Düsseldorf
Das Auftreten eines kubischen Nitrids in aluminiumlegierten Stählen
in Vorbereitung

HEFT 410
Prof. Dr. phil. F. Wever, Prof. Dr. rer. techn. A. Kochendörfer, Dr. phil. nat. M. Hempel, Düsseldorf und Dipl.-Phys. E. Hillenhagen, Köln
Biegewechselversuche mit Flachproben aus Alpha-Eisen-Einkristallen zur Bestimmung der Wechselfestigkeit und der Gleitspuren
in Vorbereitung

HEFT 411
Prof. Dr. W. Halbsguth und Dr. L. Sommer, Franfurt/M.
Grundlegende Versuche zur Keimungsphysiologie von Pilzsporen
in Vorbereitung

HEFT 412
Prof. Dr.-Ing. H. Opitz, Aachen
Kennwerte und Leistungsbedarf für Werkzeugmaschinengetriebe
in Vorbereitung

HEFT 413
Prof. Dr.-Ing. H. Opitz, Aachen
Richtwerte für das Fräsen von unlegierten und legierten Baustählen mit Hartmetall, Teil II
in Vorbereitung

HEFT 414
Dr. med. H. K. Parchwitz und Dr. med. C. Winkler, Bonn
Speicherung organischer Farbstoffe und künstlich radioaktiver Substanzen in Geschwülsten
in Vorbereitung

HEFT 415
Prof. Dr.-Ing. W. Paul, Dr. rer. nat. O. Osberghaus und Dipl.-Phys. E. Fischer, Bonn
Ein Ionenkäfig
in Vorbereitung

HEFT 416
Oberreg.-Gewerberat Dipl.-Ing. G. Steinicke, Hamburg
Die Wirkung von Lärm auf den Schlaf des Menschen
in Vorbereitung

HEFT 417
Prof. Dr.-Ing. habil. E. Rößger, Berlin
I. Teil: Die Entwicklung des Weltluftverkehrs, Ergänzungsbericht 1954
II. Teil: Die zivile Luftfahrtpolitik der USA
in Vorbereitung

HEFT 418
O. Gdaniec, Mülheim/Ruhr
Über die Randlochkarte als Hilfsmittel in der Dokumentation
in Vorbereitung

HEFT 419
K. Brooks
Die Messungen der Reflexionseigenschaften künstlicher und natürlicher Materialien mit quasi-optischen Methoden bei Mikrowellen
in Vorbereitung

HEFT 420
M. Vogel
Das Spektralgebiet zwischen dem langwelligen Ultrarot und Mikrowellen
in Vorbereitung

HEFT 421
ORR Dipl.-Volkswirt Dr. H. Rogmann, Düsseldorf
Die Erforschung der Verkehrskonjunktur und der langzeitigen Dynamik in der Verkehrswirtschaft (Zusammenfassung der eingegangenen Stellungnahmen und Vorschläge)
in Vorbereitung

WESTDEUTSCHER VERLAG · KÖLN UND OPLADEN

If you have any concerns about our products,
you can contact us on
ProductSafety@springernature.com

In case Publisher is established outside the EU,
the EU authorized representative is:
**Springer Nature Customer Service Center GmbH
Europaplatz 3, 69115 Heidelberg, Germany**

Printed by Libri Plureos GmbH
in Hamburg, Germany